वनको वैभव

जनावरका मनदेखि यौनसम्म

ददि सापकोटा

फाइनप्रिन्ट बुक्स
फाइनप्रिन्ट प्रा.लि.
कर्पोरेट तथा सम्पादकीय कार्यालय
विशालनगर, विशाल बस्ती "क", काठमाडौं
पोस्ट बक्स : १९०४१
फोन : + ९७७-१-४४४३२६३
इमेल : info@fineprint.com.np
वेबसाइट : www.fineprint.com.np

फाइनप्रिन्टद्वारा प्रथम पटक प्रकाशित, फागुन २०७६

ISBN: 978-9937-665-74-2

आवरण/भित्री पृष्ठ कला : नीलम भुर्तेल

BANKO BAIBHAV BY DADI SAPKOTA

विषयसूची

लेखकका कुरा

बच्चैदेखि आँगन र खेतबारीमा गैंडा देखेरै हुर्किएको मैले जङ्गल जाँदा गैंडाहरूले एकै ठाउँमा गोब्र्याएको देख्थें । त्यसको कारण थाहा थिएन । एसएलसी सकेर चितवनको सौराहा पुगेपछि थाहा पाएँ, तिनले आफ्नो वासस्थनको घेरो एकै ठाउँमा गोब्र्याएर कोर्ने रहेछन् । हामीले घरमा पर्खाल, खेतबारीमा बार लगाएर अरूलाई पस्न रोके जस्तै आफ्नो निजी क्षेत्रको पहिचान गराउन पनि एकै थलोमा दिसा गर्दा रहेछन् । ऋतुकालमा प्रेमिका खोज्न आफ्नो वासना गोबरमा छाड्ने रहेछन् । प्रेमी खोज्ने पोथीहरूले त्यसमा छाडिएको वासना सुँघेर आफूलाई मन पर्न सक्ने जोडी खोज्दै चहार्ने रहेछन् ।

बाघहरूको कहानी झन् रोचक रहेछ । भाले बाघहरू प्रेममा पागल बनेपछि आफैंले बीजारोपण गरेका डमरूहरू मारिदिने रहेछन् । पोथी एक्ली भएपछि यौनसित सम्बन्धित हर्मोनहरूको विकास छिटो हुन्छ र ती प्रेमका लागि तयार हुन्छन् भन्ने तिनलाई जानकारी हुँदो रहेछ । पहिलो पटक यौन संसर्गमा आफ्नो कुमारीत्व तोडिने बेला कुमारी बघिनीहरू चिच्याउने, कराउने र रून्ने गर्दा रहेछन् ।

जीवजन्तुमा पनि हाडनाता करणी हुँदो रहेछ । आफ्नो बैंसमा जोडी भेट्न नसक्दा समलिङ्गी बन्न बाध्य हुँदा रहेछन् । हामीले गाउँघरमा देखेका बहर, हाँस, कुखुरा, बाजलगायत थुप्रै जीवजन्तुमा बलात्कार हुँदो रहेछ । अक्किल पुऱ्याउन सके त्यसलाई रोक्न पनि सक्दा रहेछन् । आफूले ओगटिरहेको प्रेमी खोसिदिने पोथीहरू हुने रहेछन् । त्यस्तो बेला घमासानको लडाइँ पर्दो रहेछ । हाम्रा रोदी र चौतारीभन्दा अझ जम्दो रहेछ, वनको झाडीभित्र गरिने रोदी र चौतारी । मीठो गीत र सुरिलो भाकाले मन्त्रमुग्ध पार्न सके बल्ल भालेहरूले प्रेमिकाको मन जित्न सक्ने रहेछन् । यस्ता माहिर गायकहरूको गीत वरिपरिकाले चोरीचोरी गाउने रहेछन् ।

त्यसो त, आफ्नै आँखा वरिपरिका हरिया फाँटमा देखिने यस्ता कतिपय दृश्य हराउँदै गए । सिमसार क्षेत्र पुरिए । गाउँका चौर मासिए । जङ्गल फाँडियो । जनावरहरू दौडिने फाँट, खोल्सा र खुला जमिनमा मैले देख्दादेख्दै भवन ठडिए । तिनको विनाशसँगै थुप्रै चरा र अन्य जीव हराए । यस्ता कुराले मलाई घोच्न थाल्यो । मैले देखेभोगेका प्रकृतिका अनेक पक्षहरूबारे युवा पुस्तामा साझेदारी गर्नुपर्छ भन्ने लाग्यो । विकासका नाममा भएका त्रुटिले जसरी मेरै आँखाले देखेका जीवजन्तु र तिनको थलो मासियो, अबका पुस्ताले त्यसबाट सिकून् भन्ने लागिरह्यो । र प्रकृति संरक्षणका लागि सर्वप्रथम तिनका रोचक र लुकेका रहस्यमय पाटाहरू खोतलेर तिनको महत्त्व झल्काउने हो भने

मात्रै मानिस तिनको संरक्षणमा लाग्छ भन्ने बोध भयो । त्यही जिम्मेवारीबोधले मैले यो पुस्तक लेखेको हुँ । त्यसमा थोरै भए पनि योगदान पुगेमा यो पुस्तकको औचित्य सावित हुनेछ ।

यो पुस्तक कतै पुस्तकालय, टेबलमा केही दिन, घण्टा बिताएर सिर्जना गरिएको होइन । तराईको चितवन, बर्दिया, पर्सा, कोसीटप्पु वन्यजन्तु आरक्षदेखि पहाडी भेगका संरक्षित क्षेत्र, आरक्षण केन्द्रदेखि सामुदायिक वनसम्म चहारेको छु । भारतका केओदायो राष्ट्रिय निकुञ्ज, भरतपुर चरा आरक्षण केन्द्रदेखि फ्रान्सका विभिन्न वन, पहाड, प्राकृतिक संरक्षण केन्द्र, नदीनाला चहार्दा देखेभोगेका तथ्यहरूको समग्र अनुभवलाई समेटेको छु । यो पुस्तक लेख्नुअघि मैले धेरै क्षेत्र घुमेर बनाएका नोटहरूको सहयोग लिएको छु । जीवजन्तुबारे प्रकाशित धेरै पुस्तक अध्ययन र टिभीका कार्यक्रम हेरेको छु । त्यसैले यो पुस्तक मेरो समग्र साधनाको उब्जनी पनि हो ।

मेरो यो साधनामा धेरै मित्र र अग्रजहरूको साथसहयोग मिलेको छ । पुस्तक तयार भएपछि पहिलो पाण्डुलिपि पढेर सुझाव दिने लेखक, व्यवसायी जीवा लामिछानेप्रति आभारी छु । पुस्तकका लागि फाइनप्रिन्टसित पुलको नातो जोडेर प्रकाशित नहुन्जेल निरन्तर घचघच्याइरहने प्रिय लेखक मित्र डा. रवीन्द्र समीरप्रति अनुग्रहित हुने शब्द छैनन् । पुस्तकको पाण्डुलिपि हेरेर शीर्षक र सामग्रीलाई थप रोचक बनाइदिने मित्र विनोद ढुङ्गेललाई धन्यवाद ।

भाषा सम्पादन गरिदिने मित्र भूमीश्वर पौडेल र सुन्दर लेआउटका लागि मञ्जु पौडेलप्रति पनि आभारी छु । पुस्तक लेखनका क्रममा सुझाव र साथ दिने, चासो राख्ने अग्रज वन्यजन्तु विशेषज्ञ दाइ राजेन्द्र सुवाल, मित्रहरू राजेन्द्र अधिकारी, लेखक मित्र अमर न्यौपाने, योगेश अधिकारी र कपिल पोखरेलको योगदानलाई स्मरण गर्दछु । पुस्तक प्रकाशन गर्ने फाइनप्रिन्टका निरज भारी र अजित बराललाई मुरीमुरी धन्यवाद दिन चाहन्छु ।

ददि सापकोटा, पेरिस
dadijee@gmail.com

ताप्केमा भ्यागुतो

ताप्केमा भकभकी पानी उम्लेको छ । त्यसमा एउटा भ्यागुता राखिदिँदा के गर्ला ? सहनै नसकेर छटपटिन्छ । तत्कालै उफ्रिएर भाग्ने कोसिस गर्छ । तर चिसो पानीको ताप्केमा भ्यागुता राखिदिएर मन्द आगोमाथि ताप्के बसालिदिनुस् त के गर्ला ? ऊ ताप्केमै बसिरहन्छ । किनकि मन्द गतिमा ताप्के तात्दै जाँदा उसको शरीरले पानी तातेको मेसो पाउँदैन । सहँदै जान्छ । तर उसको शरीर तातोले बिस्तारै गलाउँदै लैजान्छ । अन्ततः हलचल गर्नै नसक्ने भएर ताप्केभित्रै मर्छ । अर्थात् चिसो पानीको ताप्केमा भ्यागुता राखेर मन्द तातो लगाए जस्तै हो । अहिले ब्रह्माण्डमा भइरहेको तापक्रम वृद्धिले पनि हामी मानव जाति र अन्य जीवजन्तुलाई यस्तै असर पारिरहेको छ ।

त्यसो त ब्रह्माण्डमा बढ्दै गएको अप्राकृतिक तापक्रम वृद्धिले मानव जीवनमाथि हुने क्षतिबारे छलफल प्रशस्तै हुने गरेका छन् । जीवजन्तुमाथि पर्ने असरका बारेमा चाहिँ उति चर्चा भएको पाइन्न । अप्राकृतिक तापक्रम वृद्धिले पृथ्वीका जीवजन्तुलगायत हामी मानवले पनि त्यही ताप्केको भ्यागुताको नियति भोग्दै छौं ।

वायुमण्डलमा बढ्दो तापक्रम वृद्धिबाट उत्पन्न मौसम परिवर्तनले जीवजन्तुमा कति असर पर्छ भन्ने विश्वका अन्य मुलुकमा भएका अध्ययनलाई हेर्दा पनि थुप्रै जानकारी मिल्छ । रूसको उत्तरपश्चिम भागमा सन् २००५ को जनवरीको दोस्रो साता तापक्रम बढ्नाले सेन्ट् पिटर्सबर्गस्थित चिडियाखानाका काला भालु शीतनिद्राबाट ब्यूँझिए । खैरा भालुचाहिँ शीतनिद्रामा गएकै थिएनन् । त्यति बेला यो क्षेत्रमा अघिल्ला वर्षहरूमा भन्दा सात डिग्रीले तापक्रम बढेको थियो । त्यति बेला झाडी सुँगुर (हेज हग) पनि शीतनिद्राबाट ब्यूँझिएका थिए । जनवरी महिनामा प्रायः त्यहाँको तापक्रम शून्य डिग्रीबाट पनि ओरालो लाग्ने गर्थ्यो । तर यो वर्ष त्यसो भएन ।

त्यसो त हाम्रा हिमाली क्षेत्रमा तापक्रम वृद्धिले हिमनदी र हिमालहरू पग्लिने गरेका छन् । वन्यजन्तुमाथि परेको असरचाहिँ बिरलै आउने गर्छ । यसबारे गहिरा अध्ययन नभएर पनि हो । तर वन्यजन्तुले चाहिँ प्रत्यक्ष प्रतिक्रिया देखाइरहेका छन् । यसको प्रत्यक्ष उदाहरण हो– बर्दिया राष्ट्रिय निकुञ्ज । डेढ महिनादेखि चढेको तीव्र गर्मी र तातो हावाले पानीको अभावमा सन् २०१२ को असारको पहिलो साता गर्मी धेरै बढ्यो । यो क्षेत्रमा एक दर्जनभन्दा बढी बाँदर र चित्तल मरे । पानीका मुहान सुके । जनावरहरू पानीको खोजी गर्दै गुलरिया र अन्य बस्तीतिर पुगे ।

संयुक्त राष्ट्रसङ्घ, विश्व वन्यजन्तु कोष, वेटल्यान्ड इन्टरनेसनल, विश्व संरक्षण संस्था (आइयुसिएन)लगायतका संस्थाको संयुक्त प्रयासमा वैज्ञानिकहरूले पृथ्वीको भूगोलको २० प्रतिशत भूभागमा प्रकृतिमाथि मौसम परिवर्तनको प्रभावबारे अध्ययन गरे । यो अध्ययनबाट १५ देखि ३७ प्रतिशत जीवजन्तुका प्रजातिहरू सन् २०५० सम्ममा लोप हुन सक्ने पत्ता लाग्यो । एक हजार एक सय तीन प्रजातिका बिरूवा, स्तनधारी, चरा, सरीसृप, उभयचर, पुतली र अन्य मेरूदण्ड नभएका जीवहरू अन्यत्र बसाइँ सर्छन् भन्ने पनि पत्तो लाग्यो ।

यो अध्ययन टोलीका एक मत्स्य बेलायतको लिड विश्वविद्यालयका प्राध्यापक क्रिस थोमसका अनुसार यदि ब्रह्माण्डको तापक्रमका कारण मौसम बदलीको असर अहिलेकै गतिमा अगाडि बढिरहने हो भने १० लाख प्रजातिका जीवजन्तु र वनस्पति लोप हुने खतरामा छन् ।

रिसोर्सेस हिमालयको एक रिपोर्टअनुसार हाम्रै हिमाली भागका हिमचितुवामा पनि मौसम परिवर्तनको असर परेको छ । सन् २००३ मा वैज्ञानिकहरूले एक हजार पाँच सय प्रजातिका जीवको परीक्षण गरेका थिए । त्यति बेला उनीहरूले एक हजार दुई सयमा तापसँग सम्बन्धित परिवर्तन देखा परेको पत्ता लगाए । त्यो परिवर्तन ब्रह्माण्डमा वृद्धि हुँदै गएको तापसँग सम्बन्धित थियो ।

अमेरिकाको स्टानफर्ड विश्वविद्यालयकी जीव वैज्ञानिक एलिजावेथ हाड्लीले मौसम परिवर्तनले जीवजन्तुमा पार्ने असरबारे थुप्रै अनुसन्धान गरेकी छन् । उनका अनुसार ब्रह्माण्डमा वृद्धि हुँदै गएको तापको असरले वंशाणुगत विविधतालाई घटाउन सक्छ । बढ्दो तापक्रमले एकअर्कासँग सम्बन्धित भएर बसेका प्राणीको सङ्ख्यामध्ये धेरै मर्न सक्छन् । वंशाणुगत विविधता भएका प्राणीहरू छरिएर रहँदा तिनमा वंशको घुलमिल हुन नपाउनाले रोगबाट बढी ग्रसित हुन थाल्छन् । तापक्रम हेरफेर हुनासाथ बिरूवाको फूल फुल्ने समय, प्राणीहरूले फुल पार्ने समय र बसाइँसराइ सर्ने समयमा पनि फेरबदल हुन्छ ।

जैविक परिवृत्ति प्रणाली (इकोसिस्टम) भनेको एउटा जालो हो । हरेक जीव प्रकृतिको कुनै न कुनै जालोमा बाँधिएका हुन्छन् । तापक्रम वृद्धि हुँदै जाँदा तापक्रममा भर नपर्ने, प्रकाशको मतलब नहुने जीव पनि प्रभावित हुन्छन् । किनकि यस्ता जीव अर्को कुनै जीवसँग सम्बन्धित हुन्छन्, जसले गर्दा अर्को जीवमार्फत असर पर्छ । उदाहरण बाघ र चितुवालाई दिन सकिन्छ । आहारा पचाउनका लागि यदाकदा खाए पनि यी जनावर घाँसमै चाहिँ भर पर्दैनन् । तर घाँसेफाँट मासिए यिनलाई पनि असर पर्छ । किनकि यिनका प्रमुख आहारा चित्तल र मृगको मुख्य अहारा नै घाँस हो ।

त्यस्तै ब्रह्माण्डको तापले पानी तताउँछ । यस्तो पानीको गुणमा परिवर्तन आएपछि जलचरमा असर पर्छ । मौसमको हेरफेरले ल्याउने परिवर्तनसँग शरीरलाई अनकूल पार्न नसकेपछि सधैं चिस्यान, धापमा बस्ने भ्यागुता, अजिङ्गर जस्ता जीवहरू मर्न सक्छन् ।

यदि बढ्दो तापक्रमले धाप र चिस्यान सुके भने विश्वकै महत्त्वपूर्ण सिमसार क्षेत्रका रूपमा रहेको हाम्रै कोसीटप्पुबाट पनि धेरै जीव लोप हुन सक्छन् । रैथाने र आदिवासी वनस्पति तथा जीवमा तापले गर्दा झन् ठूलो असर पर्न सक्छ । किनकि यिनका आहाराको छ्नोट र वासस्थानको सीमा स्थानान्तरित (बसाइँ सर्ने) हुने जीवका तुलनामा थोरै हुन्छन् । त्यसैले, धेरै जीव परिवर्तित मौसम सहन नसकेर मर्छन् ।

खडेरीका कारणले पाहा र भ्यागुताहरूमा बढी रोग लाग्ने र शरीर पाक्ने सम्भावना बढी हुने वैज्ञानिकहरूले औंल्याएका छन्, । यही कारणले कोस्टारिकाबाट गोल्डेन टोड भनिने पाहा हराएको तथ्य हाम्रा लागि पनि शिक्षाप्रद हुन सक्छ ।

विज्ञानसम्बन्धी प्रसिद्ध पत्रिका "द नेचर" मा सन् २००१ मा प्रकाशित एक रिपोर्टअनुसार ब्रह्माण्डमा वृद्धि भएको तापले गर्दा तालमा घामको किरण बढी पर्छ । त्यसले पानी तात्छ । यसले गर्दा बि नामको वैजनी किरण (अल्ट्रा भायोलेट (बी) बढी उत्पन्न हुन्छ । यो किरण बढी भएपछि भ्यागुताहरूको फुलबाट पाहा बन्ने अवधिमा बढी तातो हुन्छ । त्यसले भ्रूणहरूलाई बढी मर्मावस्था (भल्नरेबल)मा पुऱ्याउँछ । तापक्रम वृद्धि हुँदै जाँदा खोला र तालतलैयाहरूमा पानीको तापक्रम बढेपछि चिसो पानीमा बस्ने माछा र जीव मासिन्छन् । चिसो पानीका जीव तुलनात्मक रूपमा बढी संवेदनशील हुन्छन् ।

त्यति मात्रै कहाँ हो र ? तापक्रम वृद्धि भएपछि हिमाली क्षेत्रको हिउँ ढिलो जम्छ । छिटो पग्लने गर्छ । यसले गर्दा हिमाली भालुलगायत शीतनिद्रामा जाने जीवहरूलको बोसो सञ्चित गर्ने समय जाडोयाममा घट्छ । जाडोयाम छोटिने हुँदा छोटो अवधिमा जम्मा पारेको बोसोले लामो समय थेग्नुपर्ने हुन्छ ।

तापक्रम वृद्धिले पारेको असरबारे हाम्रा हिमाली भालुमा अध्ययन भएको तथ्याङ्क त फेला पर्दैन । तर पश्चिमी आर्कटिक क्षेत्रको हड्सन् खाडीका भालुहरूको सन्तान उत्पादन र तौल १० प्रतिशतले घटेको छ । यही तथ्यलाई हेर्दा पनि हाम्रा हिमाली भालु, वनबिराला र हिमचितुवामा कुनै न कुनै असर परेको अनुमान लगाउन मुस्किल पर्दैन । आइयुसिएनको अध्ययनले आगामी ३५ देखि ५० वर्षमा पोलार भालुको सङ्ख्या ३० प्रतिशतले घट्ने देखाएको छ । प्रवृत्ति अलि फरक ढङ्गको भए पनि आखिर हाम्रा हिमाल पनि पग्लिएकै छन् । हाम्रा हिमाली जीवजन्तुमा चाहिँ के असर परेको नहोला त ?

हिमाल पग्लनुको खतरा जीवजन्तुमाथि त्यतिमै सीमित छैन । माथिल्लो हिमाली भागको हिउँ पग्लिन थालेपछि तल्लो हिमाली भागमा बस्नेहरू तल्लो भागको हिउँ झन् पग्लिने हुनाले माथि सर्दै जान्छन् । यसले गर्दा सीमित वासस्थानमा चाप थपिनाले एकआपसमा द्वन्द्व बढाउँछ । द्वन्द्वमा हार्नेको सङ्ख्या घट्ने, स्वास्थ्यमा असर पर्ने वा लोप हुने पनि हुन सक्छ । हिमालको तल्लो भागको हिउँ पग्लिएपछि त्यहाँका जीव र वनस्पति त अलि माथि सर्लान् । तर हिमरेखाका जीवजन्तु भने त्योभन्दा माथि कहाँ जाने ? तिनको त विकल्प नै हुँदैन ।

अमेरिकी भौगर्भिक सर्वेक्षेण जैविक स्रोत शाखाका माइकल ए बोगनका अनुसार मौसम परिवर्तनले गर्दा ट्री स्वालो भनिने रूखका टोड्कामा बस्ने गौंथलीको बसाइँसराइ र प्रजननमा असर परेको छ । यो नेपालमा पनि पाइने चरा हो । यसको प्रजनन समय बितेको केही वर्षदेखि पाँचदेखि नौ दिनअगाडि नै हुने गरेको पाइएको छ । कारण स्पष्ट छ– फुल तात्न निश्चित तापक्रम चाहिन्छ । ताप धेरै भएपछि फुल छिटो तात्छ । फुल तातेपछि बचेरा पनि फुलबाट छिटो निस्कन्छन् ।

त्यसो त तापक्रमले कीराको उपलब्धतालाई पनि प्रभाव पार्छ । ताप धेरै भएपछि लार्भा छिटो हुर्किएर कीरा हुन्छन् । कीरा छिटो हुर्किएपछि चराले पनि आहाराको उपलब्धता हेरेर प्रजननका लागि हतारिनुपर्छ । नत्र बचेरालाई के खुवाउने ? बसाइँ सर्नेहरू पनि त्यस्तो ठाउँमा छिटो पुगेर छिटै फर्किनुपर्ने हुन्छ । यसरी चरा नै बसाइँ सरिदिएपछि वन नै सखाप हुन बेर लाग्दैन । किनकि थुप्रै बिरूवा कीराको आक्रमणबाट छिटो प्रभावित हुने खाले हुन्छन् । ती कीराका नियन्त्रक चरा हुन् । मौसम बदलीका कारणले चरा अन्यत्रै सरिदिए भने कीराले बिरूवा सखाप पार्छ । परिणामतः धेरै वन सुक्छ । वन जति सुक्यो, गर्मीयाममा उति डढेलो लाग्छ । डढेलोले साना बोटबिरूवा र जीवजन्तु डढाउने त छँदै छ, वनको प्राकृतिक ढाँचा नै बदलिन्छ । यस्तो डढेलोले गर्दा झन् ताप निस्कन्छ । पृथ्वी झन् बढी तात्छ ।

जल तथा मौसम विज्ञान विभागका अनुसार नेपालमा बर्सेनि शून्य दशमलव शून्य ६ डिग्रीका दरले तापक्रम बढिरहेको छ । हिमाली सिमानामा त झन् त्यसको दोब्बरका दरले बढिरहेको छ । यसबाट हाम्रा कुनकुन क्षेत्रका कुनकुन र कति जीवलाई कस्तो प्रभाव पर्छ भन्ने सामान्य जानकारीसमेत हामीलाई छैन । संयुक्त राष्ट्रसङ्घीय वातावरणीय कार्यक्रम (युनेप)कै अध्ययनले पनि नेपालका २६ हिमताल फुटे भने हाम्रो हिमाली क्षेत्रको वन्य जीवमा कस्तो असर पर्ला ? युनेपका प्रमुख डा. क्लाउस टोफर भन्छन्, "यदि पृथ्वीका १० लाख प्रजाति लोप भएमा दुःख पाउने बोटबिरूवा, वनस्पति, वन्यजन्तु र पृथ्वीको सुन्दरता मात्रै पर्दैन कि हामी करोडौं मानिस पनि पर्छौं ।"

जीवजन्तुलाई भूकम्पको पूर्वसङ्केत

एसियामा विनाशकारी सुनामी प्रकरणपछि एउटा बहस सुरू भएको छ– पशुपक्षीले साँच्चै यस्ता विपत्तिका बारेमा अग्रिम सङ्केत पाउँछन् कि पाउँदैनन् ? यद्यपि यो नयाँ विषय होइन । वैज्ञानिक पुष्टि हुन बाँकी भए पनि पशुपक्षीले भूकम्प, ज्वालामुखीलगायत प्राकृतिक विपत्तिबारे पूर्वसङ्केत पाएका प्रशस्त उदाहरण छन् ।

डिसेम्बर १४, २००८ मा अन्टार्कटिका महादेशको माकारी टापुमा आठ दशमलव एक रेक्टर स्केलको भूकम्पको धक्का गयो । यो विश्वमै सबैभन्दा धेरै पेन्गुइन पाइने ठाउँ हो । समुद्रभित्रबाट जमिनमा भूकम्पको धक्का प्रसार हुनुअघि नै त्यहाँका पेन्गुइन चरा सुरक्षित स्थलतर्फ लागिसकेका थिए । भूकम्पको अग्रिम सङ्केत हुन्नथ्यो र सुरक्षित स्थानमा लाग्दैनथे भने हजारौं पेन्गुइन त्यहाँ मर्ने थिए । यी जीव सुरक्षित स्थलमा पुगेको केही मिनेटपछि त्यहाँबाट करिब एक हजार किमि टाढा रहेको अस्ट्रेलियाको ताजमानिया सहरमा भूकम्पको कम्पन अनुभव गरियो ।

पशुपक्षीका व्यवहारमा आएको नाटकीय परिवर्तनकै आधारमा सयौं मानिसलाई भूकम्पपूर्व उद्धार गरिएका घटना पनि छन् । यसको एउटा उदाहरण चीनको हाइचेङमा गएको भूकम्प हो । सन् १९७५ मा जनावरले दिएका सङ्केतलाई आधार मानेर सरकारले भूकम्प जानुपूर्व सो क्षेत्रका मानिसलाई रातारात अन्यत्र सारेको थियो । लगत्तै सात दशमलव तीन म्याग्निच्युडको भूकम्प गयो । १८ लाख मानिस बसोवास गर्ने यस क्षेत्रका बासिन्दालाई स्थानान्तरण नगरिएको भए भूकम्पले एक लाख ५० हजारको ज्यान लिने थियो । त्यस भूकम्पले धेरै भवन भत्कायो । सडक चिरैचिरा परे । तर मानव क्षति हुन पाएन ।

यस्ता उदाहरण अन्यत्र पनि छन् । सन् १९७० मा भारतको कर्नाटक राज्यमा ५० वर्षमै सर्वाधिक ठूलो भूकम्प गयो । त्यति बेला कमला नेहरू जुलोजिकल गार्डेनको पशु अस्पतालका भित्ता भत्किए । पर्खाल भत्किएर जनावरका लागि बनाइएका पोखरीसमेत पुरिनै लागेका थिए । पानी आपूर्तिका लागि राखिएका ट्याङ्की फुटे । कर्मचारी बस्ने घर भत्किए । जनावरलाई चोटसम्म लागेन ।

भूकम्पपूर्व त्यहाँका जनावरले सधैंभन्दा फरक क्रियाकलाप देखाएका थिए । हात्तीले सधैंभन्दा खुट्टा धेरै फट्टाए । जमिन हल्लिनु पाँच मिनेटअगाडि त सुँड भुइँमा टेकाएर नियन्त्रित रहन खोजेका थिए । सामान्य अवस्थामा बिहानपख हात्ती कहिल्यै त्यसरी

बस्दैनन् । त्यसरी नै बाघ, चितुवा, सिंह जस्ता ठूला जनावर शत्रु नजिकै आएझैं गरी आत्तिए । गार्डेनका विशेषज्ञ डा. आर के साहका अनुसार त्यो दिन जलचरले समेत फरक व्यवहार गरेका थिए । सर्प र मुसा दुलाबाहिर निस्किए । खरायो, दुम्सीलगायत दुला खन्ने अन्य जीव त झन् छिटो दुलाबाट बाहिरिए ।

चराहरूको व्यवहार पनि भिन्न थियो । भाले चराहरू भूकम्प जानुभन्दा १० मिनेटअघिदेखि नै आत्तिए । पिँजडालाई ठुङ्दै, उड्ने प्रयास गर्दै अनौठो आवाज निकाल्न थाले ।

अवलोकनकर्ताले भूकम्प जानुपूर्व कुन्डरहरू अचम्मको आवाज निकालेर कराउने, धसारिने गरेको देखेका छन् । कालिज जातिका चरा समूहमा जम्मा हुन थाल्छन् । रूखका चरा अत्तालिएर उज्यालोतिर उड्न खोज्दा भवनका सिसामा ठोक्किएको समेत पाइन्छ । परेवाको उडान गति घट्छ । पोथी कुखुराले पहिलेभन्दा कम फुल पार्ने वा फुल पार्न रोक्ने, सुँगुर र बङ्गुरले एकआपसमा टोकाटोक गर्ने गरेको तथ्य अमेरिकी विशेषज्ञ ट्रिबुचले सन् १९८२ मा एक रिपोर्टमार्फत सार्वजनिक गरेका थिए ।

समुद्रको पिँधतिर बस्ने माछा भूकम्प जानुपूर्व पानीको माथिल्लो सतहमा जम्मा हुने गरेको पाइएको छ । विशेषज्ञहरूले यस्ता असामान्य क्रियाकलाप गाई, घोडा, गधा, मृग, बाख्रा, बिराला, कीराहरूले समेत देखाउने बताएका छन् । यी जनावर बाङ्गोटिङ्गो दौडिन थाल्छन् । मौरीले आत्तिँदै घार छोडछन् । जापानमा भूकम्प जानुपूर्व कुकुरले अनौठो शैलीमा अति धेरै कराउने र टोक्ने गरेको एक जापानी चिकित्सकले सन् २००३ मा बताएका थिए । यसरी नै टर्की, अमेरिकाको क्यालिफोर्निया र ग्रिसमा गएका भूकम्पको अध्ययन गरेका अमेरिकी जीव वैज्ञानिक रूपेट सेलङले भूकम्प जानुपूर्व विश्वभरि नै जनावरले असामान्य क्रियाकलाप देखाउने गरेको पाइएको बताएका छन् ।

वैज्ञानिकहरूले मध्य इटालीको लाक्बुला भन्ने ठाउँमा कमन टोड भन्ने भ्यागुताहरूको अनुसन्धान गरेका थिए । त्यो अनुसन्धानबाट पत्ता लगाए कि प्रजननकालमा समेत करिब ९६ प्रतिशत भालेहरूले भूकम्प जानु पाँच दिनपहिले पोथीहरू छोडेर अन्यत्र टाप कस्ने रहेछन् । प्रजननकालमा प्रायः भालेहरू पोथीबाट छुट्टिँदैनन् । प्रजननकाल सकिएपछि बरू ती छुट्टिएर बस्छन् ।

इटालीमा जुन ठाउँमा भूकम्प गएको हो, त्यहाँ भूकम्प जानु तीन दिनअघि नै एक जोडी भ्यागुता पनि थिएनन् । ती सबै लाखापाखा लागिसकेका थिए । भूकम्प गएको बेला र त्यसपछि पनि त्यहाँ भ्यागुताका कुनै फुलसमेत देखिएनन् ।

भ्यागुताको जातिमा प्रायः प्रजनन क्षेत्रमा भालेको हैकम चल्छ । प्रजननकाल पूरा भएर बच्चा ननिस्केसम्म भालेहरूले त्यो क्षेत्र छोड्दैनन् । वैज्ञानिकहरूले के दाबी गरेका छन् भने भूकम्प जानुपूर्व जमिनबाट ग्यास निस्किने गर्छ । साना कणहरू जमिन फुटेर, चर्केर बाहिरिन्छन् । तीलगायत भूकम्प जानुपूर्वका अन्य सङ्केतहरू भ्यागुताले पत्ता लगाउन सक्छन् । भूकम्प जानुपूर्व पृथ्वीको भित्री भागबाट ग्यास, ताप र केही कम्पन

निस्कने विश्वास गरिन्छ, जुन बाहिरी वातावरणमा आउने गर्छ । भ्यागुताहरूले त्यसैलाई ग्रहण गरेर भूकम्प आउने मेसो पाउँछन् ।

पशुपक्षीले भूकम्पको पूर्वसङ्केत गर्छन् भन्ने विश्वास शताब्दीऔं पुरानो हो । यद्यपि कस्तो महसुस गर्छन् भन्नेचाहिँ अझै पत्ता लागेको छैन । पशुपक्षीमा भएको क्षमता र क्रियाकलापले पनि तिनले यस्तो सङ्केत गर्न सक्छन् भन्ने तथ्य मिल्छ ।

विशेषज्ञहरूका अनुसार पशुपक्षीमा मानिसमा भन्दा धेरै गुणा बढी श्रवण क्षमता हुन्छ । उदाहरणका लागि गाउँघरमा पाइने गोठे लाटोकोसेरो (बार्न आउल)को मानिसको भन्दा १० गुणा बढी श्रवण क्षमता हुन्छ । मानिसका कानले सुन्नै नसक्ने आवाज पनि तिनले चर्कोसँग सुन्छन् । त्यसैले त्यस्ता जनावर र चराले धेरै टाढाका सूक्ष्म आवाज पनि अग्रिम सुन्ने हुनाले पूर्वसङ्केत पाउँछन् । भूकम्प पृथ्वीको सतहमा आइपुग्नुअघि जमिनमुनिका ढुङ्गा र चट्टानहरू टुक्रिएको र भासिएको आवाज तिनले सुन्ने हुनाले नै तिनलाई पूर्वानुमान गर्न सजिलो हुन्छ ।

यसको अर्को कारण पृथ्वीको चुम्बकीय धरातलमा हुने घटबढ हो । कतिपय जनावरमा पृथ्वीको चुम्बकीय मात्रा घटबढ हुँदा त्यो मात्रा र कम्पन ग्रहण गर्ने र दिशा पत्ता लगाउने क्षमता हुन्छ । चुम्बकीय क्षेत्रमा भूकम्पको केन्द्रबिन्दुनजिक घटबढ हुनाले जनावरले त्यसलाई अनुभूत गर्न सक्छन् । पृथ्वीबाट आउने हावा वा ग्यासको विद्युतीय परिवर्तनसमेत पत्ता लगाउने हुनाले जनावरलाई भूकम्पको अग्रिम सङ्केत पाउन सजिलो पर्छ ।

मानवमानवबीच सञ्चार आदानप्रदान गरेर मात्रै मानिसलाई आफू वरिपरिको वातावरणबारे पर्याप्त जानकारी पुग्दैन । मौसमको सङ्केत र चिह्न, बिरूवा, जनावर र कमिलाको समेत अध्ययनबाट ब्रह्माण्डले कसरी काम गर्छ भन्ने बुझ्न सकिन्छ । जर्मनीको दुइसबर्ग एसन विश्वविद्यालयमा रेड उड आन्ट्स भनिने कमिलामा गरिएको अनुसन्धानबाट भूकम्प आउनुपूर्व कमिलाले अन्य बेलाभन्दा नितान्त फरक ढङ्गले सञ्चार आदानप्रदान गरेको पत्ता लागेको छ ।

अध्ययनबाट पत्ता लाग्यो, भूकम्प निकट भएपछि कमिलाले अचम्मै तरिकाले बानी व्यवहार बदल्छन् । तिनले बनाएको घर (माउन्ट)मा भित्रबाहिर गर्न रोकिन्छन् । बरू भूकम्प आउनुअघि, गएको बेला र एक दिनपछिसम्म ती घरअगाडि जम्मा हुन्छन् । तिनले घरभित्रका सम्पूर्ण क्रियाकलाप रोक्छन् । ढिस्को अगाडि नै भेटघाट गर्छन् । तिनले ब्रह्माण्डमा तनाव उत्पन्न भएको सङ्केत थाहा पाउनाले घर भत्किन सक्छ भन्ने जानेर बाहिर बस्ने गरेका हुन् ।

यो पत्ता लगाउन जर्मनीमा अनुसन्धान गरिएको थियो । भूजैविक वैज्ञानिक ग्राब्रिएल बेरबेरिचले त्यो अनुसन्धान गर्दा रेड एन्ट भनिने कमिलाले आफ्नो केमोरिसेप्टर कोषको माध्यमले वातावरणीय ग्यासको निष्कासनलाई सचेतन गर्छन् । पत्ता लगाउँछन् । त्यो सचेतनले कमिलालाई कार्बनडाइअक्साइडको स्तर ग्रहण गर्न सहयोग गर्छ ।

कमिलाले शरीरमा एक खालको राडार प्रणालीको विकास गरेका हुन्छन् । त्यसलाई म्याग्नेटोरिसेप्टर सेल भनिन्छ । त्यसले कमिलालाई विद्युतीय चुम्बकीय क्षेत्रमा आउने परिवर्तनलाई पत्ता लगाउन सहयोग गर्छ ।

सन् २००९ देखि २०१२ सम्म अध्ययन गर्दा दुई दशमलव शून्य र तीन दशमलव दुई म्याग्निच्युडका १० भूकम्प मापन गरियो । त्यसका लागि विशेष खालको सफ्टवेयर प्रयोग गरिएको थियो । त्यसले कमिलाका १५ हजार ओटा समुदायको निगरानी गरियो । कमिलाका चौरासी ओटै समूहले आफ्नो घर (ढिस्को) निर्माण गर्छन् । तिनले दुई दशमलव शून्य म्याग्निच्युडभन्दा माथिल्लो भूकम्पको मात्रै प्रतिक्रिया जनाउँछन् ।

भूकम्प जानुपहिले जनावरहरूले असाधारण क्रियाकलाप देखाएको पत्ता लगाएका थिए– रोमन इतिहासविद् आएलियनले । त्यो क्राइस्ट जन्मनुभन्दा तीन सय ७३ वर्षअघि नै थियो । कुनै बेला कोरिथियन खाडीको समुद्री किनारामा अवस्थित हेलिके सहरमा भूकम्प जानु पाँच दिनअघि मुसा, विजिल न्याउरीमुसा (वेसेड्स), सर्पहरू, कनसुत्लो र कीराहरू एक्कासि जमिनमुनिबाट निस्किएर सहरबाहिर गए । त्यसपछिका शताब्दीमा जनावर र भूकम्पसित सम्बन्धित धेरै संस्कृति, संस्कार, उखान र विश्वासहरू देखा परे ।

भूकम्पबारे धेरै देशमा आफ्नो भाषा, संस्कृति र सभ्यताअनुसार अनेक खाले रोचक किंवदन्ती छन् । जापानी पूराणअनुसार भूकम्प एउटा ठूलो क्याटफिस भनिने माछा हो । जसलाई नामाजु भनिन्छ । त्यो माटोमुनि लुकेर बस्छ । उसले आफ्नो पुच्छर चलाउँदा सम्पूर्ण पृथ्वी हल्लाउन सक्छ । यो माछाले समस्या पैदा गराउन र विध्वंस मन पराउँछ ।

तर सुरूतिरको परम्पराले के भन्छ भने क्याटफिसले खतराको पूर्वसूचनाको सङ्केत गर्छ । मानिसलाई तत्कालै हुन सक्ने विनाशको खतरा दिन्छ । अथवा वाटर ड्रागन भनिने पानीमा पाइने खतरनाक ड्रागनलाई निलेर हुन सक्ने विनाश अन्त्य गरिदिन्छ ।

भूकम्पपूर्व इदो (अहिलेको टोकियो सहर)मा क्याटफिसहरूले सन् १८५५ र १९२३ मा पानीको तह बढाउन लगाइने बाँध जस्तो काम गरे । तिनले बढ्दो गतिविधि देखाए । नदी र तलाउको माथिल्लो सतहमा तैरिन थाले ।

जापानमा जस्तै चीनमा पनि जनावरहरूले प्राकृतिक तत्त्वका भित्री रूप जान्दछन् । महामारीको ज्ञान राख्छन् भन्ने विश्वास गरिन्थ्यो । चिनियाँ अधिकारीहरूका अनुसार भूकम्पको भविष्यवाणी गर्न ५८ थरी प्रजातिका जनावर उपयोगी हुन्छन् । सर्प, मुसा, चमेराहरू अति महत्त्वपूर्ण जनावरमा पर्छन् । कुन जनावरको क्रियाकलाप कस्तो हुन्छ भन्ने व्याख्या गरिएको बुकलेट नै चीनमा बाँडिएको हुन्छ ।

सन् १९७५ मा जमिनमुनि शीतनिद्रामा बसेका सर्प पनि लुकेको ठाउँ छोडेर हाइचेङ सहरमा भागे । त्यो बेला सहरमा उद्धार गरिएको थियो । फेब्रुअरी चारका दिन सहरमा सात दशमलव तीन रेक्टरको भूकम्प गयो । यसमा एक हजारभन्दा बढी मानिसको मृत्यु

भयो । जनावरको भविष्यवाणीले गर्दा ठूलो जनसङ्ख्या भएको सहरमा उद्धार गरियो । जनावरले गर्दा ठूलो सफलता मिलेको विश्वास गरियो ।

त्यसको एक वर्षपछि जुलाई २७, १९७६ मा पनि चीनकै ताङसान सहरमा अर्को भूकम्प गयो । त्यस बेला ६ लाख ५५ हजार मानिस मारिए । पछि थाहा भयो, त्यो भूकम्प जानुअघि जनावरले असामान्य क्रियाकलाप देखाएका थिए । तर त्यस बेलाको सांस्कृतिक र राजनीतिक उचारचढावले गर्दा जनावरको क्रियाकलापमा ध्यान दिइएन । वेनचुवान सहरमा ७ दशमलव ८ रेक्टर स्केलको भूकम्प जाँदा भ्यागुताहरू मियानयाङ सहरबाट बसाइँ सरेका थिए । पछि त्यो सहरमा क्षति भएको थियो ।

त्यसो त पश्चिमी मुलुकहरूमा पनि भूकम्प जानु केही घण्टा वा दिनअघि वा पछि जनावरका विभिन्न क्रियाकलापहरू अभिलेख गरिएका छन् । सन् १९७६ को मे ६ का दिन इटालीको फ्रिउल राज्यमा ६ दशमलव ५ रेक्टर स्केलको भूकम्प जाँदा मुसाहरू दुलाबाट निस्किएर खुला ठाउँतिर गएका थिए । जनावरहरू अस्थिर बन्ने, छटपटाउने गरेका थिए ।

सन् २००४ मा भारतको चेन्नाईमा गएको क्रिसमस सुनामीले ठूलो धनजनको क्षति गऱ्यो । तर पछि हेर्दा कुनै पनि जनावरका हड्डीहरू कतै फेला परेनन् । किनभने सुनामीको ज्वार आउनुअघि नै जनावरहरू टापुका सुरक्षित स्थलतिर भागिसकेका थिए ।

सन् २०११ को अगस्ट २३ का दिन अमेरिकाको भर्जिनियामा ५ दशमलव ८ रेक्टर स्केलको भूकम्प गयो । त्यो बेला वासिङ्टनस्थित स्मिथ सोनियन नेसनल ज्योलोजिकल पार्कका जनावरहरूले बोध गरेका थिए । भूकम्प जानुपूर्व अधिकांश जनावरले अस्थिर बनेर प्रतिक्रिया दिएका थिए । बाँदरहरू दोस्रो पटक भूकम्पको धक्का जानु केही मिनेटअगाडि रूख चढेका थिए ।

यो लामो सूची भूकम्प जानुअघि जनावरको क्रियाकलापको अवलोकनमा आधारित घटना हुन् । वैज्ञानिक उपकरणकै आधारमा अनुसन्धान नगरिएको भए पनि मानिसले प्रत्यक्ष अवलोकन गरेका, भोगेका घटना भने यी पक्कै हुन् । चीनको हेइचिङमा भूकम्प जानु निकै दिन, महिनाअगाडि नै भूकम्प जान्छ भन्ने अनुमान गरिएको थियो । त्यसैका आधारमा उद्धार कार्य थालिएको थियो । किनभने अधिकारीहरूले अघिल्लो ठूलो भूकम्प गएलगत्तै अझ ठूलो भूकम्प जान सक्छ भन्ने आशङ्का गरेका थिए ।

कुनै विशेष कारणबिना जनावरले पक्कै पनि असामान्य क्रियाकलाप देखाएका थिएनन् । बरू तिनले जमिन थर्किंदा नियमित जस्तै तरिकाले प्रतिक्रिया जनाएका थिए । पक्कै पनि जमिनमुनिको तनावले गर्दा वातावरणमा परिवर्तन ल्याउँछ र त्यो कुनै परस्पर सम्बन्धित रचना (अर्गानिजम)ले पत्ता लगाउँछ ।

भूकम्पको पूर्वसूचना पाउने जनावरमा तोकेरै इङ्गित गर्न सकिने कुनै अङ्ग छैन । तर केचाहिँ पक्का भन्न सकिन्छ भने वातावरणमा आउने कम्पनलाई जनावरले ग्रहण गरेर

प्रतिक्रिया जनाउँछन् । जुन कम्पन भूकम्प वा भूतत्त्व प्रक्रियाले उत्पन्न गराउँछ र भूकम्प जान्छ ।

भूकम्प जानुअघि मानिसले भन्दा जनावरले किन छिटो बोध गर्छन् ? कसरी भूकम्पीय तरङ्ग पत्ता लगाउँछन् भन्ने केही शारीरिक इन्द्रियगम्य (फेनोमेनल) क्षमताको तर्क अगाडि सारिन्छ ।

धेरै जनावरले मानिसको कानले सुन्न नसक्ने आवाज (इन्फ्रा साउन्ड) ग्रहण गर्न सक्छन् । त्यो आवाज हावामा एकदम छिटो फैलिन्छ । मानिसका कानले सुन्न नसक्ने मिहिन आवाज (इन्फ्रा साउन्ड) तीन सय मिटर प्रतिसेकेन्ड र सुनामी दुई सय मिटर प्रतिसेकेन्ड फैलिन्छ ।

सन् २००४ मा सुनामी जानुअघि नै जीवजन्तुहरू भागे भन्ने यसले बताउँछ । न्यून फिक्वेन्सी आवाजको तरङ्ग र कम्पन जुन कमजोर भूकम्पबाट आउँछ । यो हात्ती, चरा, मुसाले महसुस गर्न सक्छन् । चट्टानहरू फुट्दा, चर्किंदा उच्च फ्रिक्वेन्सीको आवाज आउँछ । त्यस्तो आवाज जमिनमुनि बस्ने भएकाले मुसाहरूले महसुस गर्न सक्ने हुन् ।

भूकम्प धेरै खाले भूकम्पीय तरङ्गहरूको मिश्रण हो । झन् विनाशकारी दोस्रो तहको तरङ्गभन्दा प्रारम्भिक तरङ्ग एक दशमलव सात गुणा छिटो प्रवाह हुन्छ । इन्फ्रा साउन्ड तरङ्ग र सुनामी तरङ्गको जस्तै यो रफ्तारमा भएको सम्बन्धित भिन्नताले देखिने गरी प्रतिक्रिया व्याख्या गर्न पनि सक्छ । दोस्रो स्तरको भने तगडा खाले तरङ्ग आउनुपूर्व कसरी जनावरले प्रतिक्रिया जनाउँछन् ?

माछा, चरा र अरू जनावरले चुम्बकीय धरातल वा विद्युतीय तरङ्गमा हुने परिवर्तन पत्ता लगाउन सक्छन् । पृथ्वीको माथिल्लो तह वा पाप्रोमा बन्ने सञ्चित तनावले पनि ती जीव वरिपरिको जमिनलाई प्रभाव पार्न सक्छ । तर चुम्बकीय भिन्नताको मामिलामा यो असर एकदम कमजोर हो ।

सर्प र केही कीराहरूले तिनको सूक्ष्म रातो रङको दृश्य (इन्फ्रा रेड भिजन)का आधारमा उष्म वायुको प्रवाह (थर्मल)को भिन्नता पत्ता लगाउन सक्छन् । अमेरिकी वैज्ञानिकहरूको संस्था नासाको तेरा भूउपग्रहले २१ जनवरी २००१ मा भारतको गुजरात राज्यको भुज सहरमा सात दशमलव नौ रेक्टर स्केलको भूकम्प जाँदा सूक्ष्म रातो रङका विकिरणहरू पनि अभिलेख गरेको थियो । सर्पहरूले पार्थिव (टेलुरिक) हलचलका आधारमा सायद चट्टानहरूमा प्रयुक्त सञ्चित तनाव देख्न सक्छन् ।

जमिनमा सञ्चित भूतत्त्व तनावले चटानमा विद्युतीय शक्ति उत्पन्न गराइदिन्छ । त्यसले क्वार्ज भनिने खनिज उत्पन्न गराएर विद्युतीय दबाबमा असर गराइदिन्छ ।

नकारात्मक विद्युतीय प्रवाह अत्यधिक भएको अक्सिजन अणु वा आयानहरू खनिजको बनावटमा आआफ्नो क्रमिक स्थानबाट हट्दा विद्युत शक्तिको उल्झन (होल) पारदर्शक ढुङ्गा वा स्फटिक (क्रिस्टल) मा रहन्छ । ती उल्झनहरू खनिजका दानाका सतहमा सर्छन् र तिनले अरू परमाणुलाई आयनमा परिणत गरिदिन्छन् । ती वातावरणमा प्रवाह हुन्छन् वा जमिनमुनिको पानीमा । यही कारणले हुन सक्छ, सन् २००९ को अप्रिल ६ मा भूकम्प जाँदा अमेरिकाको लाकिलामा रतिक्रियामा मस्त पाओहरू पनि भूकम्प जानु केही दिनअघि नै हराएका थिए ।

वातावरणमा परिवर्तन भएपछि जनावरले त्यसको अनुभूति गर्छन् भन्ने बुझ्न गाह्रो छैन । वातावरणमा आउने बदलीको सङ्केत जनावरले गरेको प्रत्यक्ष देख्ने र भोग्ने पनि गरिएको छ । भूकम्पअघि त्यस्तो फेरबदल वातावरणमा आउन सक्छ, जुन जनावरले अग्रिम थाहा पाउँछन् । तैपनि त्यो सम्भावित पूर्वलक्षणको असर र कसरी जैविक रचना (ओर्गानिजम)ले तिनको प्रतिक्रिया जनाउँछन् भन्नेचाहिँ सीमित नै छ । त्यो बेलासम्म जनावरलाई मात्रै भूकम्पको बढ्दो जोखिम मूल्याङ्कन गर्ने, पूर्वानुमानमा पूर्ण भर पर्ने गरी प्रयोग गर्नुहुन्न कि !

जनावरहरू सायद भूकम्पवाणी गर्न सक्षम नहुन सक्छन् । तर हात्तीदेखि माकुरासम्म मानिसले पत्ता नपाउने कम्पन पत्ता पाउने बानी नै हुन्छ । जनावरको एउटा छुट्टै संसार छ, त्यस्तो थाहा पाउने क्षमताबाट हामी पूरै अलग र अज्ञान छौं । हल्लिने, बेरिने, फनफनी घुम्ने प्रक्रिया, हल्लन र कम्पनहरूको तरङ्ग बालुवा र रूखका हाँगा जस्ता जमिनमुनिको ठोस वस्तुबाट सर्दै जान्छन् । अन्ततः कम्पनहरू जनावरका बनावट वा इन्द्रियहरूमा पुग्छन्, जुन इन्द्रियहरू यस्ता कम्पन पत्ता लगाउन विकसित भएका हुन्छन् ।

ठूला खालका कानका हड्डी, चम्कने धातुयुक्त थैलो जस्तो शरीरको भागका माध्यमले धेरै जीवले ती अङ्गबाट विभिन्न सङ्केतहरू निकालेर लुकिरहने भक्षकको सङ्केत गर्छन् । आहारको स्रोत कहाँ छ भन्ने पनि जानकारी दिने र लिने गर्छन् ।

सम्भावित जोडी छान्न र भेट्न प्रयोग गर्छन् । जमिनको सतहमा हिर्काएर र अन्य गतिविधिले त्यो काम गर्छन् । भुँडी हल्लाउने, पेट, टाउको रगड्ने, कान फटफटाउने आदि माध्यमबाट तिनले सङ्केत गरिरहेका हुन्छन् ।

वास्तवमा हामी वरिपरिको सबै चीज चलायमान छ । रूखबिरूवा, घर, गल्ली र पिँढी सबैमा कम्पन हुन्छ । बगैंचामा यस्सो निस्किए पनि थुप्रै जीवजन्तुले महसुस गर्ने कम्पन पैदा हुन्छ । वैज्ञानिकहरूले उच्च प्रविधि प्रयोग गरेर त्यो कम्पन पत्ता लगाउन सक्छन् ।

भूकम्प भनेको जमिनमुनिको स्तरबाट निस्किने कम्पनको विपत्तिपूर्ण, विनाशकारी रूप हो । उदाहरणका लागि, हामीले मोबाइल फोनलाई भाइब्रेसनमा राख्छौं । माथिल्लो सतहमा फोन राखिदिए कम्पन महसुस हुन्छ त हामीलाई ? हुन्न । तर गोजीमा राख्दा त्यो महसुस हुन्छ । त्यसमा घण्टी बज्दा शरीरमा कम्पन पैदा हुन्छ ।

भूकम्पीय तरङ्गलाई सुन्न सकिने आवाजमा रूपान्तरण गर्न वैज्ञानिकहरूले थुप्रै खाले औजार, विधि प्रयोग गरेका छन् । तीमध्ये बदलिएको मोनोग्राफ र जेओफोन हुन् । यिनले जमिनको हलचललाई आवाजमा रूपान्तरण गर्छन् । लेजर डोप्लर भाइब्रोमिटरद्वारा केन्द्रित गरिएको लेजर किरणले जमिनमुनिको छटपट मापन गर्न प्रयोग गर्छ ।

अहिले वैज्ञानिकहरूले थुप्रै खाले आशङ्का के गरेका छन् भने दुई लाखभन्दा बढी कीरा र एक खाले बिच्छी (आरक्निड)का प्रजातिले भूकम्पीय सञ्चार आदानप्रदान गर्छन् । झ्याउँकिरी, काटिडिड भन्ने कीरा, माकुरा, खजुरा यसरी धेरै नै सञ्चार आदानप्रदान गर्ने जीवमा पर्छन् । उभयचरमा भ्यागुताहरू जमिनको कम्पन पत्ता लगाउने उच्च क्षमताका जीवमा पर्छन् । सर्प र छेपारा जस्ता सरीसृप पनि जमिनको अवस्था बोध गर्ने समूहमा पर्छन् ।

हाम्रो गाउँघरमा गाई, भैंसी उफ्रिएर नाचेझैं गरे भने पानी पर्ने वा हुरीबतास चल्ने विश्वास गरिन्छ । यो धेरै हदसम्म मिल्छ पनि । यस्तो सङ्केत जनावरले हावाको विद्युतीय परिवर्तन अनुभूत गर्नाले नै सम्भव भएको हो । पृथ्वीबाट हरदम निस्कने एक खाले सूक्ष्म आवाजलाई ग्रहण गर्न सक्ने क्षमता हुनाले पनि पशुपक्षीलाई पृथ्वीको धरातलमा हुने परिवर्तनबारे ज्ञान हुन्छ ।

वैज्ञानिकहरूले के दाबी गरेका छन् भने भूकम्प जानुपूर्व जमिनबाट निस्किने ग्यास, साना कणलगायत भूकम्प जानुपूर्वका सङ्केतहरू पत्ता लगाउन सक्छन् । भूकम्प जानुपूर्व पृथ्वीको भित्री भागबाट ग्यास, ताप र केही कम्पन निस्कने विश्वास गरिन्छ, जुन बाहिरी वातावरणमा बिस्तारै आउने गर्छ । भ्यागुताले त्यसैलाई ग्रहण गरेर भूकम्पको भविष्यवाणी गर्छन् ।

तैपनि वैज्ञानिकहरू सबै खाले भूकम्पले जनावरमा अनियमित क्रियाकलाप अनिवार्य देखाउँछन् भन्ने विश्वास गर्दैनन् । वैज्ञानिकहरूका अनुसार विश्वमा हरेक वर्ष करिब पाँच लाख भूकम्प जान्छन् । तीमध्ये एक लाखलाई मानिसले महसुस गर्छन् । एक सय ओटाबाट क्षति नै पुग्छ ।

बलात्कारी जन्तुका अनेक अक्कल

महिलाहरू किन बलात्कृत हुन्छन् ?

एक्लामाथि धेरै पुरूष जाइलागेर, शारीरिक रूपमै कमजोर भएर, निःशस्त्रलाई सशस्त्रले जाई लागेर अथवा बालबालिका भए फकाएर जतिसुकै बलियो, कुशल र सशस्त्र भए पनि १० जनाले आक्रमण गरे भने एक्लो सैनिकको केही लाग्दैन । त्यसैले यस्तो परिस्थितिमा महिलाहरूसँग शरीर सुम्पनुबाहेक अर्को विकल्प हुँदैन । मानव जीवनमा हुने यस्तो घटना जीवजन्तुमा पनि हुन्छ तर अलि फरक ढङ्गले ।

धेरै जीवजन्तुका भालेहरू लामो समयसम्म यौन आनन्द लिनका लागि पोथीसँग बस्छन् । भेटेसम्म धेरै पोथीलाई गर्भ बसाल्ने यस्ता भालेहरूले आफ्नो वंश धेरै फैलाउँछन् । यसरी पोथीहरूलाई दीर्घकालसम्मका लागि अँगालेर बस्ने मौका सबै भालेहरूले भने पाउँदैनन् । कतिपय भालेहरू यस्तो झमेलामा पर्न पनि चाहँदैनन् । कतिपय नामर्द हुनाले चाहेर पनि यस्तो मौका पाउँदैनन् । कतिपयचाहिँ शरीर हेर्दै मरन्च्याँसे र लोसे देखिन्छन् । पोथीलाई जोगाउनुको साटो अरू भाले देख्नासाथ आफैं १० कोस परैबाट बुर्कुसी मारेर भाग्छन् । यस्ता छेरूवाहरूसँग पोथीलाई दिन सक्ने केही हुँदैन । त्यसैले यिनले पोथीहरूलाई सुरक्षित राख्छन् भनेर आश्वस्त पार्न सक्दैनन् । आनन्द लिने र आफ्नो वंश जोगाउने यस्ता भालेहरूको उपाय लुकीचोरी र बलात्कारबाहेक अर्को हुँदैन । यही कारणले गर्दा जीवजन्तुमा बलात्कार हुने गर्छ ।

प्रकृतिमा यस्ता जीव धेरै छन् । माछा, कछुवा, चरा, चमेरा, बाँदर, गाई, बाख्रालगायत थुप्रै कीराहरूमा बलात्कार हुने गर्छ । उदाहरण धेरै दिन सकिन्छ । लिटल ब्राउन भनिने चमेराका भालेहरूले शीतनिद्रामै रहेका पोथीहरूलाई समेत बलात्कार गर्छन् । शीतनिद्रामा जानु भनेको करिबकरिब अचेत अवस्था जस्तै हो । जिउनका लागि श्वासप्रश्वास भए पनि यी शारीरिक रूपमा सक्रिय हुँदैनन् । यो चमेराका भालेहरू पोथीहरूलाई बलात्कार गर्न तिनका वासस्थान खोज्दै हिँड्छन् । मानिसहरूमा झैं जीवजन्तुमा पनि एउटा समानता के छ भने प्रायः सजिलैसित सम्भोगको मौका नपाएका र पोथीहरूद्वारा नपत्याइएकाहरूले बलात्कार गर्छन् । तर केही चरामा भने ठ्याक्कै उल्टो हुने गर्छ ।

मध्य र पूर्वी अफ्रिकामा पाइने ह्वाइट फ्रन्टेड बी इटर भन्ने चराहरूमा विवाहित भालेहरूले नै बढी बलात्कार गर्छन् । यौनका मामिलामा भालेहरू साह्रै धूर्त र चखुवा

हुन्छन् । यी चरा प्रायः दीर्घकालका जोडी बनेर बस्छन् । तर आफ्नी पोथीबाहेक अन्य पोथी गुँडबाट एक्लै बाहिर निस्किएको देखे भने मुख मिठ्याउन थालिहाल्छन् । झम्टिँदै गएका भालेबाट त्यो पोथी तुरून्तै बलात्कृत हुन्छे । कहिलेकाहीँ त एउटै पोथीलाई दर्जन भालेले लखेट्छन् । भुइँसम्म ओराल्न सके भने सबै भाले पोथीमाथि चढ्छन् । पालैपालो । अचम्म त के छ भने यस्तो बलात्कारमा प्रायः ठिँगा भालेहरू नै निर्दोष हुन्छन् । किनकि यिनले सम्भोग गर्ने मौका नै पाएका हुँदैनन् । बलात्कार गर्ने भालेहरूले झन्डै सबैजसोले पोथी अँगालेका हुन्छन् । बाहिर एक्ली पोथी देख्नासाथ यिनले आफ्नी पोथीलाई गुँडमा छोडेर बाहिर निस्किएकी पोथीमाथि दागा धर्छन् ।

लेसर स्नो गुज भन्ने अर्को चरा हुन्छ । यो ठूलो समूहमा बस्छ । भालेले वरिपरि गुँडमा बसेका पोथीहरूलाई जबर्जस्ती गर्छ । आफ्नो भाले यसो आहार खोज्न जाँदा पनि पोथीहरूमा तनाव सुरू भइहाल्छ । कुन भाले आएर जबर्जस्ती गर्ने हो । केही बेर मात्रै एक्लो हुँदा पनि छिमेकको भालेले बलात्कारको प्रयास गरिहाल्छ । पोथी एक्ली हुने कारण पनि के हो भने उसको पति अर्को पोथीलाई बलात्कार गर्न दौडिरहेको हुन्छ । कुनैकुनै समूहमा त हरेक पोथी प्रत्येक पाँच दिनमा एक पटक बलात्कृत हुन्छे । यति धेरै पटक बलात्कृत हुँदा पनि ह्वाइट फ्रन्टेड बी इटरमा एक प्रतिशत बचेरा मात्रै बलात्कारका कारण जन्मिन्छन् । लेसर स्नो गुजमा चाहिँ ५ प्रतिशत ।

जीवजन्तुमा बलात्कारको प्रयास आफ्नै जातिमा मात्रै हुने गर्दैन । गाउँघरमा हामीले गोरूले भैंसीलाई, कहिलेकाहीँ कुखुराको भालेले हाँसलाई समेत बलात्कार गरेको देख्छौं । कहिलेकाहीँ भने एउटै गाईलाई दसौं ओटा बहर र गोरूले लखेटिरहेका हुन्छन् । गाईलाई थकाएर पालैपालो बलात्कार गर्ने तिनको रणनीति हो । यस्तो घटना मृग, बाघ, भालु, भैंसी, जलेवा, निलसर चरालगायत अन्य जीवमा पनि हुन्छ ।

कतिपय जातिका भालेहरू यौन उत्तेजनाका बेला साह्रै क्रूर बन्छन् । तिनले बलात्कारका क्रममा पोथीको हत्या नै गरिदिन्छन् । माउन्टेन सिप भनिने हिमाली भेडा यस्तै जीव हो । ऋतुकालका बेला पोथीलाई थुप्रै भालेहरूले हिमालका चट्टान चट्टानै लखेट्छन् । पोथी हलचल गर्न नसक्ने कोप्चेरामा पुऱ्याउने रणनीति तिनको हुन्छ । पीडित पोथी भाग्नै नसक्ने गरी नथाकेसम्म लखेटिइरहन्छे । पोथी थकित भएपछि बलात्कार गर्छन् । नपाउँदा कहिलेकाहीँ त थकित पोथीको हत्या नै गरिदिन्छन् ।

हिमाली भेडाका भालेहरू धेरै हुनाले पोथी ओगट्न एकअर्कामा झगडा गरिरहन्छन् । तर पोथीहरूसँग सम्भोग गर्ने मौका भने कमै मिल्छ । किनकि एउटा भाले पोथीमाथि उक्लनासाथ अर्कोले टोक्छ । सिङले हानेर उसलाई गलहत्याइहाल्छ । यो प्रक्रिया घण्टौंसम्म जान सक्छ । यसरी थकित भएका पोथीलाई भालेले उठाउनका लागि हिर्काउँछन् । यसो गर्दागर्दै कहिलेकाहीँ त पोथी नै मर्छे ।

निलसर (मालार्ड डक्स) चराका भालेहरूले त्यसै गर्छन् । एक्ली वा बचेरासहितकी पोथीलाई सताउने, थकाउने र बचेरासित भए छुट्याएर लखेट्छन् । पोथी उडी भने

केही भालेले आकाशमै पछ्याउँछन् । छेकारो काटीकाटी पोथीलाई भुइँमा ओराल्ने प्रयत्न गर्छन् । पूर्ण रूपमा थकित यस्ता पोथीमाथि थुप्रै भालेहरू चढ्छन् । एउटाले बलात्कार गर्दा अर्को भालेले थिचिदिने र मेसो मिलाइदिनेसमेत गरेर पालैपालो बलात्कार गर्छन् ।

चरा जातिमा हाँसहरू बलात्कारका लागि माहिर मानिन्छन् । हरेक वसन्तकालमा निलसर पोथीहरू फुल कोरल्न जान्छन् । त्यस्तो बेला खरिएर बसेका भालेहरूको समूह बन्छ । कुनैकुनै पोथी फुल पार्ने उमेर नपुगेका काँचा हुन्छन् । ती एकाध पोथीहरूलाई दर्जनौं भालेले लघार्छन् । यस्ता एक्ला पोथी भालेसित बच्न खोज्दाखोज्दै राम्रोसित चर्न पनि पाउँदैनन् । यो याममा पोथीहरूको सङ्ख्या कम र भालेको बढी हुनाले पोथी ओगट्न भालेको घमासान युद्ध हुन्छ । कतिपय भालेले सम्भोग गर्ने मौका नपाए पनि वरिपरिबाट पोथीलाई घेरेर राख्छन् । मौका छोप्न सिपालु केही भालेको दाउ ओगटेर राख्ने, भालेको घेरा तोडाएर अन्यत्रै लैजाने र मौका छोपेर बलात्कार गर्ने हुन्छ ।

पोथीहरू ओथारो बसुन्जेल खारिएका भालेहरूले जब पोथीहरूलाई बचेरासित देख्छन्, तब जाइलागिहाल्छन् । बचेराबाट छुट्याएर सम्भोग गर्ने तिनको उद्देश्य हुन्छ । नटेर्ने पोथीलाई भुतल्ने, जबर्जस्ती अँचेटेर, ठुँगेर बचेराबाट टाढा बनाएर सम्भोगको कोसिस गर्छन् । कहिलेकाहीँ एउटा पोथीलाई केही भाले मिलेर छुट्याउन खोज्छन् र पालैपालो सम्भोग गर्छन् । यसो झुक्याएर बलात्कार गर्न खोजे वरिपरिका अरू भाले गएर त्यसलाई जगल्ट्याइहाल्ने, मुन्ट्याएर झारिहाल्ने, चिथोर्ने, लुछ्ने गर्छन् । पोथीलाई बलात्कार गर्ने दाउ हेर्दाहेर्दै, अर्कोले मौका छोपिहाल्छ कि भनेर त्यसलाई लघार्न निगरानी गर्दागर्दै मार्च-अप्रिल महिनामा कति भाले त आहारा नटिपी भोकै बस्छन् । यो यामका कति भाले राम्रोसित नखाएरै दुब्लाएका हुन्छन् । यो बेला पोथीहरूको सुरक्षाको जोखिम त बढ्छ नै, बलिया, स्वस्थ भालेले आँखा मर्काउनाले भाउ पनि बढेको हुन्छ ।

सम्भोगको तिर्खाले आत्तिएका यस्ता भालेले बचेराहरू नै मारिदिन्छन् । किनभने यदि पोथीका सबै बचेरा मारिदिने हो भने पोथीले आफ्नो शक्ति, मिहिनेत र हर्मोन बचेराको हेरचाहमा खर्च गर्नुपर्दैन । त्यस्ता पोथी छिटो सम्भोगका लागि तयार हुन्छन् भन्ने भालेहरूलाई राम्रो ज्ञान हुन्छ । जीवजन्तुले पोथीलाई बलात्कार गर्ने यस्ता अनेकौं अक्कल अपनाउँछन् ।

लुइँचेलगायत धेरै चराका पोथीले समूहको सर्वाधिक बलियो, स्वस्थ, सुन्दर र खाइलाग्दो भाले रूचाउँछन् । त्यसैले बलिया भालेले वरिपरिका थुप्रै पोथी ओगटेर राखेका हुन्छन् । तर यो जातिमा कमजोर मानिएका भालेहरूसमेत पोथीभन्दा झन्डै दोब्बर ठूला हुनाले तिनले पोथीको मूली भाले नभएको मौका पारेर बलात्कार गरिदिन्छन् ।

हाँसलाई बलात्कार गर्न यिनको लिङ्गले नै प्रेरित गर्छ । भालेहरूको गुप्ताङ्ग बोतलको मुख टाल्ने काठको बिर्को झिक्ने इस्क्रु अर्थात् झ्यालढोका प्वाल पार्ने ड्रिलर

जस्तो घुम्रिएको हुन्छ । अर्जेन्टेनियन लेक डक भनिने हाँसको गुप्ताङ्ग त झन् उसको शरीरभन्दा पनि लामो हुन्छ । ४२ सेन्टिमिटर लामो उसको गुप्ताङ्ग सम्पूर्ण चरा जातिमै सर्वाधिक लामो हो । उसको गुप्ताङ्ग जमिन नाप्ने फिता जसरी बेरिएर बस्छ । सम्भोगका बेला त्यो लिङ्ग फिताझैं फुत्किँदै आउँछ । हुन त भालेका यस्ता लामा लिङ्गले पोथीको गुप्ताङ्गभित्र छोड्ने वीर्य भित्र पस्न नदिई बाहिरैबाट फालिदिने र बलात्कार रोक्ने पोथीहरूका पनि विभिन्न उपाय र चलाखी नभएको होइन ।

वन्यजन्तु पनि समलिङ्गी

अधिकांश मानिसहरू विपरीत लिङ्गमै आँखा लगाउँछन् । अर्थात् पुरूषले महिला र महिलाले पुरूष नै रोज्छन् । तर केही मानिस यस्ता हुन्छन्, जो समलिङ्गीतिरै आँखा डुलाउँछन् । यो समलिङ्गीयपन त वन्यजन्तुमा पनि हुने गर्छ । वन्यजन्तु वैज्ञानिकले गरेका पछिल्ला अध्ययनले यही तथ्य पत्ता लागेको छ । हालसम्म वैज्ञानिकहरूले एक हजारदेखि तीन हजार जातिका वन्यजन्तुको भरपर्दो तरिकाले अध्ययन गरेका छन् । हालसम्म भएका अध्ययनअनुसार ती जातिमध्ये करिब चार सय ५० ले समलिङ्गीय बानी स्पष्टसँग देखाएको पाइएको छ । वैज्ञानिकहरूले १० प्रतिशत वन्यजन्तुहरू समलिङ्गी हुने बताएका छन् ।

अमेरिकामा पाइने बाइसन (चितवन, पर्सा, बर्दियालगायतका राष्ट्रिय निकुञ्जमा पाइने गौर जस्तो जनावर), मृग, बाख्रा, सोंस (डल्फिन), सुतुरमृग, जापानी मकाक भनिने बाँदर, हाम्रो नेपालमा पाइने रातो बाँदर (रेसस मङ्की), लङ्गुरे बाँदर (कतैकतै हनुमान बाँदर पनि भनिन्छ), अफ्रिका महादेशमा पाइने बोनोबो (सानो हुनाले पिग्मी चिम्पान्जी पनि भनिन्छ) बाँदरलगायत बाज (स्पेरो हक), फ्यालफ्याले (ब्ल्याक हेडेड गल) लगायत करिब एक सय ३० प्रजातिका चराहरू समलिङ्गीय हुने विश्वास गरिएको छ । जनावरहरूले पनि मानिसले झैं मलद्वार चलाउने, मुखले चुस्ने, हस्तमैथुन गर्ने, लिङ्ग खेलाउने र चुम्बनलगायत क्रियाकलाप गर्छन् । बोनोबो बाँदरहरूले चाहिँ एकअर्काको यौनाङ्ग धस्ने गर्छन् । जापानी मकाकहरूमा ९ प्रतिशत, ब्ल्याक हेडेड गलमा २२ प्रतिशत र सुतुरमृर्गमा त झन् विपरीत लिङ्गीको भन्दा समलिङ्गीको सङ्ख्या बढी हुन्छ ।

जापानी मकाकको भाले जङ्गली र पाल्तु दुवै समलिङ्गी हुन्छन् । तर यिनलाई दैनिक जीवनमा सँगै बस्न, रहन साथी भने पोथी नै चाहिन्छन् । यो जातिमा पाल्तु पोथीहरू मात्रै ऋतुकालका बेलामा मात्र समलिङ्गी भएको पाइएको छ । यस्तो बेला यिनीहरू एकअर्कामाथि चढिरहन्छन् । फकाउन आउने भालेहरूसँग पोथीहरू फस्दैनन् । बरू पोथीका पुठ्ठा राता देखेर हुत्तिँदै आएर जबर्जस्ती गर्न आउनेमाथि जाइलाग्छन् । पोथीहरू यौनान्द लिइसकेपछि पनि सँगै बस्ने, चर्ने, खेल्ने र टहलाउने गर्छन् । भालेहरूचाहिँ लुरूलुरू आफ्नो बाटो लाग्छन् ।

पाल्तु जापानी बाँदर (जापानी मकाक)का भाले र पोथी दुवै एकअर्कासित वा परिचित पोथीसँग सम्भोग गर्नका लागि झगडा गर्छन् । भालेको गुप्ताङ्गप्रति यिनलाई चासो हुन्न । बरू आफ्नो लामो पुच्छर जुरुक्क उचालेर पोथीहरू आफ्नै गुप्ताङ्गमा रगडेर आनन्द लिन्छन् । तर रातो बाँदर (रेसस मङ्की)का भालेहरूचाहिँ पोथीसँग भन्दा भालेभालेबीच नै एकअर्काको मलद्वारमा सम्भोग गर्न रूचाउँछन् ।

कुनै जनावर भने जीवनको कुनै एक मोडमा मात्रै समलिङ्गी बन्छन् । त्यस्ता जनावरहरू पछि फेरि विपरीत लिङ्गतिरै फर्कन्छन् । बाइसन र केही मृगहरू अधिकांशले उपयुक्त जोडी नपाउन्जेल तत्कालको खाँचो टार्न मात्रै समलिङ्गी बनेर बस्छन् । तर विपरीत लिङ्गीय जोडी भेट्नासाथ उतैतिर लाग्छन् । धेरै मानिसहरू विपरीत लिङ्गको अभावले समलिङ्गी रोजेको भन्ने विश्वास वैज्ञानिकहरू गर्छन् । तर प्रकृतिमा सबैभन्दा सन्तुलनको स्थितिमा रहेकामा पनि समलिङ्गीपन पाइएको छ ।

एउटा अचम्मलाग्दो तथ्य के पत्ता लगाएका छन् वैज्ञानिकहरूले भने यस्तो समलिङ्गी क्रियाकलापले सन्तान जन्माउन मद्दत पुग्ने गर्छ । ऋतुकालमा यौनको चाहनाले सताइसक्दा पनि जीवजन्तुले उपयुक्त जोडी नपाए समलिङ्गीपन देखाउने गर्छन् । गाई, भेडा, बाख्रा, घोरलका पोथीहरू रतीक्रियाका लागि तयार भइसक्दा पनि भालेहरू नभेटिएमा वा नजिकै भएर पनि तिनले बेवास्ता गरेमा भालेमाथि नै उक्लिएर "कोही छ ?" भन्ने सङ्केत दिने गर्छन् । पोथीमाथि चढेर भालेलाई सङ्केत दिने वा भालेहरू नभएमा पोथीमाथि चढेर देखाउने गर्छन् । त्यो टाढाटाढाका भालेहरूका लागि जानकारी हो । समलिङ्गी जनावरको रगतमा टेस्टोस्टेरन हर्मोनको मात्रा विपरीत लिङ्गतिर आकर्षित हुनेकोमा भन्दा कम हुने वैज्ञानिकहरूले पत्ता लगाएका छन् ।

कतिपय आफ्नो वंश फैलाउन अल्पकालका लागि समलिङ्गी भएर बस्ने गर्छन् । उदाहरण धेरै दिन सकिन्छ । क्यालिफोर्निया गर्ल भनिने फ्यालफ्याले चराका पोथीहरूले भालेको अभाव हुँदा पोथीसँगै बसेर बचेरा हुर्काउने गर्छन् । त्यस्ता पोथीले भालेको जस्तो नाच देखाउने र हाउभाउ पनि भालेकै जस्तो निकालेर पोथीसँगै गुँड बनाएर बस्छन् । यस्ता जोडीमध्ये कुनैकुनै केही वर्षसम्म समलिङ्गी बनेर सँगै बस्छन् । अधिकांशले भने अर्को ऋतुकालमा विपरीत लिङ्गी जोडी भेट्टाउने गर्छन् ।

अर्को एउटा महत्त्वपूर्ण पक्ष के छ भने विपरीत लिङ्गबीचका जोडीहरू शारीरिक संसर्गका हिसाबले बढी प्रभावित हुन्छन् । तिनको ध्याउन्न सम्भोगको मज्जा लिउन्जेलसम्म मात्रै हुन्छ । त्यो सकिएपछि छोडेर हिँड्छन् । तर समलिङ्गी जोडीहरूमा भने माया, प्रेम, सहयोग आदानप्रदान बढी गरेको पाइन्छ । त्यसैले समलिङ्गी जोडीहरूमा अङ्कमाल, उठ्बस, चाट्ने, मुसार्ने र एकले अर्कोलाई साथ दिने, गुप्ताङ्ग खेलाइदिने क्रियाकलाप धेरै बेरसम्म चल्छ । अध्ययनहरूले के देखाएका छन् भने ७५ प्रतिशत समलिङ्गीले आफ्नो जोडीलाई अरूसित झगडा पर्दा साथ दिन्छन् ।

जापानी बाँदर (जापानी मकाक) र लङ्गुरे बाँदरका पोथीहरू समलिङ्गी यौनमा संलग्न भएका बेला नजिक आउने र अरू बाँदर वा जीवलाई आक्रमणसमेत गर्छन् । तिनले आफ्नो जोडीमा भाँजो हाल्न आएको ठान्छन् ।

आफ्नो जोडीसँग छुट्टिनुपर्दा जनावरलाई पनि मानिसलाई जस्तै कम्ती मुस्किल पर्दैन ! रातो बाँदर र फ्यालफ्याले (ब्ल्याक हेडेड गल) का जोडी एकले अर्कोलाई छोडेर जाँदा ज्यादै निराश र दुःखी बन्ने गरेको पाइएको छ । बाँदरहरू त झन् रून्छन्, भक्कानिन्छन् । यस्ता एक्लालाई विपरीत लिङ्गको नयाँ जोडी मिलाइदिन खोज्दा वास्तै गर्दैनन् । पुरानो जोडी फर्केर आउँदा निकै खुसी हुन्छन् । दुवै मिलेर रमाइलो गर्छन् ।

रातो अनुहारले बढाउँछ हिमचिम

महिलालाई गालामा हल्का गुलाबी रङ र ओठमा लालीले चिटिक्क देखाउँछ । यौवनका बेला राम्रा केटाहरूले हेरून् भन्ने उद्देश्य त्यो लाली र कोरीबाटीले सङ्केत गर्छ । बैंस फक्रिँदै जाँदा झन् सुन्दर देखिने होड चल्छ । पुरूषहरू पनि गज्याङगुजुङ कपाल, चिम्सिएका आँखा, फुस्रा गाला, रङ फुङ्ग उडेका ओठभन्दा गाजलु आँखा, रातो लाली र गालामा रातो धसेकै सेक्सी (कामुक) महिलालाई आँखा लगाउँछन् । मानिस मात्रै किन ? जनावरमा पनि यस्तै रातो अनुहार भएका सेक्सी पोथीहरू भालेको आकर्षणमा पर्दा रहेछन् । खासगरी ऋतुकालमा भाले बाँदरहरू अनुहारमा बढी रातो भएका पोथीहरूतिर बढी लहसिने गर्छन् । पोथीहरू पनि कुन भालेको अनुहार रातो छ भनेर नियाल्ने गर्छन् ।

के छ त यो रातो रङको रहस्य ? राम्री देखिन मात्रै महिलाहरू कस्मेटिक साधनहरू प्रयोग गरेर गाला र ओठ रातो पार्दैनन्, बरू यस्तो रातो रङले महिला र पुरूष, भाले र पोथी छनोटमा महत्त्वपूर्ण भूमिका खेल्छ । अनुहारमा धेरै रातो हुने भालेहरू भाग्यमानी हुन्छन् । किनकि यिनीहरू पोथीका छनोटमा पर्छन् ।

महिलाहरूले त बजारमा तयारी अवस्थामा रहेका थरीथरीका लाली ल्यायो, क्षणभरमै दलेर राताम्मे बन्यो, सजिलो छ । तर जनावरहरूले कसरी यो सुविधा पाउँछन् ? जनावरको अनुहारमा हर्मोनले लाली घसेको जस्तो रातो बनाइदिन्छ । यस्तो रातो अनुहारले त्यो जनावरमा टेस्टोस्टोरन हर्मोन उच्च भएको सङ्केत गर्छ । यसको अर्थ उसको शरीरमा राम्रो वंशाणु गुण (जिन) छ भन्ने देखाउँछ । चहकिलो रङले भालेमा भएको स्वास्थ्य र जिनको गुण कस्तो छ भन्ने सङ्केत पनि गर्छ ।

चहकिलो रङ हुनेको जिन तगडा हुन्छ । जिन तगडा हुनेहरूको शरीरमा बढी प्रतिरोधात्मक क्षमता हुन्छ । त्यसैले रातो बाँदर (रेसस मङ्की)का पोथीहरू भालेका अनुहार नियालीनियाली हेर्छन् । नजिकिन्छन्, लहसिन्छन् । जुन भालेको अनुहार बढी रातो छ, उसैलाई लिएर झाडीतिर पस्छन् । वैज्ञानिकहरू मानव जातिबाहेक सबैभन्दा बढी रातो अनुहार नै बाँदरको हुन्छ भन्छन् । अनुहारमा देखापर्ने यो रातोले ऋतुकालमा भाले वा पोथी रोज्न एउटा प्रतिस्पर्धात्मक भूमिका खेल्छ । यो प्राकृतिक नियम महिलाहरूमा पनि लागू हुन्छ ।

केटीहरूको उद्देश्य पनि राम्रो गुणस्तरको जिन भएको पुरूष रोज्नु हुन्छ । त्यो कसैलाई ज्ञात हुन्छ भने कसैलाई ज्ञात नहुन सक्ला । तर विज्ञानको नियमले त्यही भन्छ र शारीरिक उत्प्रेरणाले नै त्यसमा उन्मुख गराउँछ । किनकि जुन पुरूषको जिन तगडा छ, त्यो उसको बाहिरी आभूषणमा नै देखा पर्छ ।

हुन त राम्रो जिन भएको पुरूष वा भालेले कस्तो गतिविधि देखाउँछ भन्ने पत्ता लगाउनु पोथीका लागि मुस्किलको कुरा हो । सम्भवतः अनुहारको रातोले त्यस्ता भालेको पहिचान गर्न सजिलो पर्छ । वैज्ञानिकहरूका अनुसार महिलाहरूले अचेतन रूपमै त्यसरी छनोट गरिरहेका हुन्छन् । अस्वस्थ शरीरमा रातो रङको विकास हुन गाह्रो पर्छ । रोगीलाई भएको रङ सुरक्षित राख्न पनि मुस्किल पर्छ । किनकि यस्ता भालेहरू परजीवीहरूबाट बढी प्रभावित हुन्छन् । शरीरमा भएको शक्ति रोग र परजीवीसँग लड्दैमा सकिन्छ ।

लाग्न सक्छ, यस्तो कुरा कसरी थाहा पाउन सकिन्छ ? वैज्ञानिकहरूले यो तथ्य पत्ता लगाउन केही भाले र पोथी बाँदरहरूमा परीक्षण नै गरे । बेलायती वैज्ञानिकहरूले २४ ओटा भाले आसामी राता बाँदरहरू समातेर पोथीहरूले नदेख्ने गरी तिनको अनुहारमा रातो धसिदिए । तिनलाई एउटा मानवनिर्मित वासस्थानमा राखियो । ती भालेको अनुहारमा कलेजी र रातो रङ धसिदिए । छ ओटा पोथीहरूले तीप्रति कस्तो प्रतिक्रिया देखाउँछन् भनेर नियाले । पोथीहरूले रातो अनुहार भएका भालेहरूलाई धेरै बेर नियाले । ती भालेतिर शरीरका हाउभाउ देखाउने, ओठ चलाउने गरेर तीप्रति आकर्षित भएको सङ्केत गरिदिए ।

वैज्ञानिकहरूका अनुसार महिलाको धेरै कुरा कुखुरा र मुसाका पोथीसँग मिल्छ । पोथी कुखुरा र पोथी मुसाले पनि भालेको वंशाणुगत गुण (जिन) थाहा पाउन तिनको अनुहार हेर्छन् । हुन त भाले अनुहारको यस्तो रङप्रति पोथीहरू आकर्षित हुने गरेको तथ्य वैज्ञानिक जगत्मा नयाँ भने होइन । किनकि विश्वप्रसिद्ध वैज्ञानिक चार्ल्स डार्बिनले सन् १८७६ मै यो कुरा उल्लेख गरेका थिए ।

खुट्टाले सुन्छन् हात्ती !

नाकको काम सुँघ्ने हो, कानको काम सुन्ने । त्यसैगरी खुट्टाको काम हिँड्ने हो । पत्याउनुस् कि नपत्याउनुस्, नाङ्लाभन्दा बडेमाका कान हुँदाहुँदै पनि हात्तीहरू खुट्टाले सुन्छन् । वैज्ञानिक तथ्यहरूले त्यसै भन्छन् । हात्तीहरूले सम्पर्क गर्नुपर्दा पहिले खुट्टा धसारेर जमिनमा कम्पन गराउँछन् । यो कम्पन ३२ किमि टाढासम्म प्रवाहित हुन्छ । खासगरी शत्रु नजिक पर्दा खुट्टा बजार्ने, धसार्ने गर्छन् । टाढाका हात्तीले जमिनमा आएको भुइँचालो र आवाज पहिले खुट्टामा स्पर्श भएर थाहा पाउँछन् । अर्थात् ती आवाज हात्तीका खुट्टामा ठोक्किन्छन् । यस्ता कम्पन प्रतिद्वन्द्वीलाई खबरदारी गर्न, एक्लोले जोडी खोज्न प्रयोग गर्छन् । पानी र आहारा भएको ठाउँको सङ्केत गर्न पनि कम्पनकै सहायता लिन्छन् ।

वैज्ञानिक अध्ययनअनुसार हात्तीले अर्को बथान आइपुग्नुअगाडि खुट्टाको चालमा खुब ध्यान दिन्छन् । टेकेको जमिनमा ख्याल राख्छन् । कहिलेकाहीँ आफ्नो तौल अगाडितिर ढल्काउने त कहिलेकाहीँ जमिन माथितिर खुट्टा उचाल्ने गर्छन् । हात्तीले खुट्टा धसारेर, कान फटफटाएर, जमिनमा बजारेर निकाल्ने आवाज २० हर्जको गतिमा फैलिन्छ, जुन मानवकानले सुन्न मुस्किल पर्छ । यो आवाज १६ किमि टाढासम्म प्रसारित हुन सक्छ । शत्रु तर्साउन, प्रतिद्वन्द्वीलाई लखेट्न निकालिएका देखावटी आक्रमण (मक चार्ज) चाहिँ ३२ किमि टाढासम्म पुग्छन् । अकासिएर जाने आवाजचाहिँ उपयुक्त अवस्थामा १० किमि टाढासम्म पुग्छ ।

यही कारणले हुन सक्छ, खासगरी वर्षायाममा जङ्गली मत्ता भालेहरू चितवन राष्ट्रिय निकुञ्जको हात्ती प्रजनन केन्द्रमा पोथी भएको ठाउँ आइपुग्नुअगावै भाले हात्तीहरूले थाहा पाउँछन् । त्यस्ता जङ्गली भाले प्रजनन केन्द्रमा आउनुअगाडि नै प्रजनन केन्द्रका पाल्तु भाले कराउने, असंयमित बन्ने, बाँधेको डोरी चुँडालेर फुत्किन खोज्ने गरेको पाइएको छ । वैज्ञानिकहरूका अनुसार हात्तीका खुट्टा र सुँडमा संवेदनशील दबित स्नायुहरू (प्रेसर सेन्सेटिभ नर्भस) हुन्छन् । यिनले टाढाको कम्पन पत्ता लगाउँछन् ।

अनुसन्धानकर्मीका अनुसार हात्तीको खुट्टामा पासिनियन र सुँडमा मेइसर्नर कर्पुसिलेस भनिने विशेष खाले सचेतक (सेन्सर) हुन्छन् । तिनले कम्पनलाई ठम्याउने काम गर्छन् । पासिनियन कर्पुसिलेस एउटा प्याज जस्तो हुन्छ । जब यसको बाहिरी

आवरण कम्पनको प्रतिउत्तरमा बदली हुन्छ, तब त्यो बदलीले स्नायुलाई उच्च पार्छ । त्यसले दिमागमा सूचना पठाउँछ । हात्तीले मात्र होइन, अन्य धेरै जनावरले पनि यसरी नै शरीरको कुनै अङ्गले जमिनमा ठोकेर भूकम्पीय र आकाशीय कम्पन उत्पन्न गराउँछन् । यो जनावरहरूमा सामान्य हो ।

यो भूकम्पीय वातावरणले हात्तीको संरक्षणमा ठूलो सहयोग पुग्छ । संरक्षणवादीलाई नीतिनियम बनाउन यसले मद्दत गर्छ । बाटोघाटो बनाउँदा, उद्योगधन्दाहरू खोल्दा, निकुञ्ज, प्राकृतिक आरक्षहरू स्थापना गर्दा हात्तीले कति टाढासम्म र कहाँकहाँसम्म सञ्चार गर्छन् भन्ने पहिचान गर्न सके तिनको वासस्थान जोगाउन र अन्य संरक्षणका कार्य अपनाउन सकिन्छ । वन्यजन्तु सिकारीहरूको चहलपहल कहाँसम्म निगरानी गर्नुपर्छ भन्ने ज्ञान मिल्छ । कुन समय र कुन क्षेत्रमा हिँड्डुल गर्नुहुन्न भन्ने सङ्केत पाइन्छ । यसो गर्न सके हात्तीबाट हुने मानवीय क्षतिलाई कम गर्न सकिन्छ ।

हात्तीलाई कन्चटमा बैंस

हामी अत्तर किन छर्कन्छौं ? शरीर गन्हाएको वास्तविकता ढाक्न ? कि पुरूषले महिला र महिलाले पुरूषलाई आफूतिर आकर्षित गर्न ? प्रायः बैंसालु अवस्थामा पुगेपछि मानिसहरू थरीथरीका अत्तर खोज्दै बजार धाउँछन् । जेहोस्, यसको प्रयोग बैंसालु जोडीले बढी गरेको पाइन्छ । हात्तीहरू पनि बैंसले छोएका बेला एक खाले अत्तर सुँघ्छन् । त्यो कताबाट आएको छ भनेर खोजी गर्दै हिंड्छन् । तर उनीहरूका लागि चाहिने अत्तर भने बैंस लागेपछि आफ्नै शरीरबाट पैदा हुन्छ ।

हो, भाले हात्तीमा करिब ११ देखि १२ वर्षबाटै यौनाकाङ्क्षा पलाउँछ । त्यसपछि भर्खर बैंस लागेका भालेहरू मैमत्त बन्छन् । ढल्कीढल्की हिंड्ने, सुँड हल्लाईहल्लाई पाका हात्तीलाई सान दिने, पोथीहरूको खोजी गर्ने हुन्छन् । हात्ती बथानमा बस्ने हुनाले यी कट्मेरा जस्ता भालेहरूलाई सजिलो भने हुन्न । पोथीको वरिपरि देखिन आए भने पाका भालेहरूले सानालाई खेद्छन् ।

भाले जब २० देखि २५ वर्षको हुन्छ, तब कन्चटको दुवैतिर भुक्क फुलेर आउँछ । उसको वासना निस्किने यही ठाउँ हो । त्यसबाट पिप जस्तो तरल पदार्थ निस्कन्छ । यो अवस्थालाई नेपालीमा मत्ता वा मात लागेको भन्ने चलन छ । रगतको पातलो जीवरस (ब्लड सेरम), पिसाब र कन्चटको धमनी (टेम्पोरल ग्लान्ड)मा टेस्टोस्टेरन हर्मोन उच्च हुन थालेपछि भाले मत्ता हुन्छन् । हर्मोन बेस्सरी थुप्रिएपछि यो कडा गन्ध गालाबाट तल बग्दै झर्छ ।

यो अवस्थाका भालेहरू आगोको भुङ्ग्रो जस्तो ज्यादै रिसाहा, आक्रामक हुन्छन् । यिनले स्वाँस्वाँ र फ्वाँफ्वाँ गर्दै सुँड पनि नागबेली पारेर हल्लाउँदै हिंड्छन् । वरिपरि कोही आए जाइलागिहाल्छन् । रूख र बुट्यानहरू लतार्दै र भाँच्दै हिंड्छन् ।

त्यसो त हात्ती मत्ता किन हुन्छ भन्ने प्रश्न उठ्ला यो स्वच्छ र स्वस्थ जिन छान्ने, विविधता छर्ने प्रकृतिको चलाखी हो । यदि भालेहरू वर्षैपिच्छे यसरी मत्ता अवस्थामा नपुग्ने र आक्रामक नबन्ने हो भने सधैं सबैभन्दा ठूलो भालेले मात्रै पोथीहरू ओगटिदिन्छ । आफ्नो नजिकको नाता पर्नेको गर्भ लिन सक्ने सम्भावना हुन्छ । हाडनाता करणीबाट जन्मिएका बच्चा स्वस्थ नहुन सक्छन् । अरू भालेहरूले कहिल्यै अवसर पाउँदैनन् । यसो भएमा प्रकृतिमा स्वच्छ र सक्षम जिनहरू खेर जान सक्छन् । सृष्टिमा

विविधता हुँदैन । त्यो बलियो भालेमा कुनै खराबी भए उसले थुप्रै पोथीहरूलाई निःसन्तान राख्न सक्ने जोखिमसमेत हुन्छ ।

जीवजन्तुमा आफ्नो परिवारबाट टाढा वा नाता नपर्नेमा सम्भोग गर्नेका धेरै र स्वस्थ बच्चा जन्मिन्छन् । तिनका जिन राम्ररी फैलन्छन् । नातागोतामै प्रजनन भएको खण्डमा अस्वस्थ जन्मिन सक्छन् । त्यस्ताबाट जन्मिएका बच्चाको प्रतिरोधात्मक क्षमता कम हुन्छ । यही कारणले मानिस र केही स्तनधारी जीवले बालककालमा सँगै हुर्किएकासँग यौनकार्य गर्न अस्वीकार गर्छन् ।

त्यसो त, हात्ती मत्ता हुनुचाहिँ उच्च यौनिक र आक्रामक बन्नु हो । यति बेला टेस्टोस्टेरन हर्मोन उच्च अवस्थामा पुगेको हुन्छ । यही हर्मोनले हात्तीलाई सनकी, आक्रामक, जोसिलो र मूर्ख बनाउँछ । यस बेला कन्चटको धमनीबाट रस बग्छ । पिसाबमा कडा गन्ध आउँछ । लिङ्गबाट पनि एक खालको गन्धयुक्त रस बग्छ । भाले मत्ता भएका बेला यो कन्चटको धमनीबाट बग्ने रसमा १६ खालका मिश्रण पाइएको छ । हुन त यसलाई भालेले आफू उच्च यौनिक अवस्थामा पुगेको पोथीलाई जानकारी दिने, प्रतिद्वन्द्वीसँग प्रतिस्पर्धा गर्न आफू कुन अवस्थामा छु भनेर देखाउने इमानदार सङ्केत हो पनि भन्न सकिन्छ । मत्ता अवस्थामा बैंसले यति समात्छ कि तत्कालै पोथी नभेटेका बेला भालेहरूले यौनाकाङ्क्षा मार्न आफ्नो लिङ्ग धमिराको थुम्को, रूख र जमिनमा रगड्ने गर्छन् । पिसाब तुरूक्क, तुरूक्क तुर्क्याउँछन् ।

उत्तेजित अवस्थाको सञ्चार आदानप्रदानका बेला, खासगरी पोथी अन्य मत्ता भालेको नजिक पुगेका बेला भालेहरूले कान पनि फटफटाउने गर्छन् । आफ्नो कन्चटको धमनीको गन्ध सम्भावित पोथीसम्म पुऱ्याउन र प्रतिद्वन्द्वीलाई आफू आक्रामक अवस्थामा रहेको सङ्केत गर्न पनि कान फटफटाएर निस्केको हावाले वासना पुऱ्याउने गर्छन् भन्ने भनाइ अनुसन्धाताको छ ।

भाले हात्तीहरू प्रायः कि त एक्लै, कि त ससाना कुमार (ब्याचलर) समूहमा बस्छन् । पोथीहरूको छुट्टै समूह हुन्छ । ऋतुकालमा भाले र पोथी भेट्ने हात्तीको माध्यम नै यही हो । हात्तीले करिब १० मिटर टाढासम्म मात्रै देख्न सक्ने हुनाले सञ्चारको माध्यम आवाज र गन्ध हो । मानिसका कानले सुन्न नसकिने हावाको तरङ्गमा मिसिएका ज्यादै मसिना आवाज पनि हात्तीले सुन्छन् । भाले र पोथीका गन्धहरू केही किमि टाढैबाट पत्ता लगाउँछन् । भालेहरूले आफू मत्ता अवस्थामा पुगेको, आफ्ना लागि पोथीको उम्मेदवारी कुरिरहेको जनाउ दिन्छन् ।

भालेका यस्ता विज्ञापन थाहा पाएपछि केही समय लगाएर भालेको हैसियत, गुण र दम्भको परैबाट परीक्षण लिने काम पोथीहरूबाट सुरू हुन्छ । यौनकार्यका लागि तयारी अवस्थाकी पोथीले मत्ता भालेको आवाजलाई सकारात्मक उत्तर फर्काएपछि भालेहरू त्यस्ता पोथी खोज्दै आउँछन् । त्यसैले हात्तीको ऋतुकालमा जब भाले मत्ता अवस्थामा पुग्छ, उसको बारेमा यौनाकाङ्क्षी पोथीले टाढैबाट थाहा पाउँछे । भालेहरूको

परीक्षा लिएपछि उत्तीर्ण हुनेलाई हरियो सङ्केत दिन्छे । त्यसपछि भाले मस्किँदै पोथीछेउ आउँछ ।

पोथीका यस्ता सङ्केत आवाज र गन्धबाट थाहा पाएपछि वरिपरिका भालेहरू सम्भावित पोथीतिर आउँछन् । मत्ता अवस्थाका भालेहरूले फ्रान्टालिन नामको हर्मोन बढी उत्पादन गर्ने हुनाले पोथीहरू बढी आकर्षित हुन्छन् । पोथीहरू पनि यौनाकाङ्क्षी अवस्थामा पुगेपछि कराउने, पिसाब तुरूक्क, तुरूक्क तुर्क्याउने, गोब्र्याउने गर्छन् । यो तिनको भालेहरूका लागि यौनाकाङ्क्षाको सङ्केत हो ।

पोथीहरूले आफ्नो तयारी अवस्थाको प्रचार गर्न थालेपछि भालेहरू आकर्षित भई एकआपसमा कुन पोथीलाई कुन भालेले आफ्नो पकडमा पार्ने भनेर द्वन्द्व सुरू हुन्छ । तर समूहका थोरै पोथी मात्र तयारी अवस्थामा हुन्छन् । कोही उमेर नपुगेका हुन्छन् त, कोही बच्चा छोडिनसकेका, यौनाकाङ्क्षा जागृत नै नहुने बूढी हुन्छन् । त्यसैले सबै भालेले मौका नपाउने हुँदा भालेहरूबीच पोथी ओगट्नका लागि प्रतिस्पर्धा चल्छ ।

मत्ता भालेले त्यो अवस्थामा नपुगेका साना भालेहरूलाई सजिलै लघार्छन् । पोथीहरूचाहिँ भालेहरूले लडाइँ गरेको नियालेर बस्छन् । भालेहरूको घमासान पर्दा जित्नेलाई अँगालौंला भन्दै कुरेर बस्नु पोथीहरूको चाख हो । यौनाकाङ्क्षी पोथीहरूले यस्ता भालेलाई बाटो खुला गरेर साना भालेहरूलाई रोक्छन्, जसमा मात आइसकेको हुँदैन । पोथीहरूले पाका, खाइलाग्दा, बलिया भाले रूचाउँछन् ।

पूर्ण रूपमा पाका नभएका, कम अनुभवी वा साना भालेहरू पाकाहरूको नजिक पऱ्यो कि भाग्छन् । यस्ता भालेहरूले आफ्नै नातागोता, यौनाकाङ्क्षा नभएकामाथि पनि आँखा लगाउन खोज्छन् । कट्मेरा भालेले जबर्जस्ती गर्न लागे तिनलाई लखेटेर पठाऊन् भनेर तिनका आमा र दिदीबहिनीहरू गर्जिएर बलिया भालेहरूलाई बोलाउँछन् ।

हुन त मात नलागेका भालेले पोथीसँग सम्भोग गर्न सक्दैनन् भन्ने होइन । यस्ता भाले पोथीको छनोटमा नपर्ने मात्रै हुन् । प्रतिस्पर्धी भालेहरू उत्रै छन् भने त लडाइँ झन् डरलाग्दो हुन्छ । लडाइँ गर्दा साना रूख उखेलेर पिट्ने, मुढाले हिर्काउने गर्छन् । दोहोरो भिडन्तमा अङ्गभङ्गसमेत हुने गर्छ । केही घण्टापछि जित्नेले हार्नेलाई केही किमि परसम्म लखेट्दै जान्छ । त्यसैले भालेहरू लडाइँबाट प्रायः टाढै बस्न रूचाउँछन् । तर मत्ता अवस्थामा भए पनि साना भालेहरू ठूला र बढी आक्रामकतातिर नजाने, ठूला भाले नजिक आइपुगे तर्कने गर्छन् । दबिएका भाले (सबडोमिनेन्ट)ले पनि ठूला भालेलाई अग्रिम जानकारी दिन आफ्नो गन्ध छोड्छन् । त्यसो गर्नु आफू सुरक्षित रहनका लागि हो ।

भालेहरूबीचको द्वन्द्व जोखिमपूर्ण हुनाले आफ्नो शारीरिक र यौनिक अवस्थाबारे तरल पदार्थ छर्केर जानकारी दिनु बचाउको सजिलो तरिका हो । अन्य भालेहरूमाथि आधिपत्य जमाएको भाले (डोमिनेन्ट मेल)ले पोथीछेउ पुगेपछि जबर्जस्ती गर्दैन । बरू उसले पोथीको बैंसालु अवस्था के छ जानकारी लिने कोसिस गर्छ ।

पोथीले दिएका सङ्केत र वासनाबाट पोथीहरू बैंसालु अवस्थामा पुगेको जानकारी त हुन्छ । तर पोथी शरीर सुम्पने पूर्ण तयारी अवस्थामा छ कि छैन भन्ने थाहा पाउन उसले टाढैबाट पाएको वासना मात्रै पर्याप्त हुँदैन । त्यसैले भालेले आफ्नो सुँडको टुप्पोले पोथीको गुप्ताङ्गमा स्पर्श गर्छ । पोथीले पनि पिसाब तुरूक्क तुर्क्याइदिन्छे । भालेले त्यो पिसाब विचार गरीगरी सुँघ्छ । मुखको बीचतिर घुसार्छ । जहाँ उसको एउटा घ्राणिय भाग (भेमेरोनाजल अर्गान) हुन्छ । यसले पोथीको फेरोमेन हर्मोन (पोथीको यौनाकाङ्क्षित हर्मोन)लाई प्रारम्भिक रूपमा पत्ता लगाउँछ । पोथी सम्भोगका लागि तयारी अवस्थामा छ भन्ने निर्क्योल भएमा भाले थप उत्तेजित बन्छ ।

पोथीहरू पनि के कम ? भालेको अवस्था थाहा पाउने पोथीका पनि आफ्नै उपाय छन् । पोथीहरूले पनि मस्त भएका भाले र नभएका गन्धबाटै चिन्छन् । पोथीहरूले आफ्नो समूहका अरू पोथीलाई आफू कुन भालेसित लसपसमा लागेकी छु, कुन भाले तयार छ, कुन भालेले पोथीको रहर गरेको छ भन्ने जानकारी दिन र भालेलाई आकर्षित गर्न रासायनिक सङ्केतहरू छोड्छन् । भालेको पूर्ण अवस्था, उमेर ठम्याउन सुँडको टुप्पोले भालेको पिसाबको नमुना परीक्षण गर्छन् । भालेको सामाजिक स्तर, प्रजनन क्षमता जाँच्ने तरिका पोथीको पनि हो । यस्ता सङ्केत हात्तीले ऱ्यालमा पनि छोडेका हुन्छन् ।

यीबाहेक भालेलाई सङ्केत गर्ने पोथीका अन्य उपाय पनि छन् । पोथीले मिहिन आवाज निकालेर, टाउको ठाडो र सधैंभन्दा आँखा फराकिला पारेर भालेलाई बोलाउँछे । यौनको इच्छाले खरिएकी पोथी पुच्छर हल्लाउँदै समूह छाडेर हिँड्छे । उपयुक्त भाले कुन छ भनेर भालेका कन्चट विचार गर्न थाल्छे । भालेका वरिपरि घुम्छे । भाले नजिक आउँदा टक्क रोकिन्छे । भालेलाई स्पर्श गर्छे । सुम्सुम्याउँछे । भालेको सुँडमा आफ्नो सुँड जोडेर लठारो पर्छे । तैपनि उसले अझै पनि सजिलै भालेलाई शरीर सुम्पिदिन्न । ऊ केही बेर दौडिन्छे । केही बेरको दौडादौड, हस्याङफस्याङ, हिमचिमपछि बल्ल पछिपछि लागिरहेको उसको प्रेमीसित सहमति गर्छे । प्रेमको खेल खेलिरहेका हात्तीको जोडीको क्रियाकलाप रोमाञ्चक हुन्छ ।

पोथीले अब अन्तिम सहमति जनाउँदै छे भन्ने बुझेको भालेले पोथीको घाँटी र टाउकामा आफ्नो सुँड राख्छ । त्यसपछि तिनको यौनक्रियाको गतिविधि सुरू हुन्छ । उसको एक पटकको सम्भोगकाल करिब २० सेकेन्डमै सकिन्छ । केही पटकको अन्तरालमा भालेले दिनमा केही पटक सम्भोग गर्छ । यौनकालको कुनै खास याम हुँदैन । वर्षभरि जुनसुकै याममा पनि हुन सक्छ । तैपनि एसियाली हात्तीहरूको प्रजनन प्रायः वर्षायाममा भएको पाइन्छ । यस्तो बेला जङ्गलमा चारैतिर प्रशस्त मात्रामा घाँस खान पाएर शरीर पुस्टिएको हुनुपर्छ ।

यौनकालपछि पोथीलाई छोडेर भाले आफ्नै समूहमा फर्किने वा एक्लै बरालिने गर्छ । पाको भाले यसरी वर्षको दुईतीन पटक मत्ता बन्छ । मूली भाले र पोथीबीचको

यौनक्रिया देखेका कमजोर भालेहरूलाई सहन गाह्रो हुन्छ । मुर्मुरिँदै बस्ने तिनले कसरी खपून् ? रिसले आगो भएका यिनले कान फट्कार्छन् । टाउको हल्लाउँछन् । त्यस्ता जोडीको अगलबगलमा गोब्र्याउँदै र तुर्क्याउँदै पुग्छन् । आवाज निकाल्छन् । डाहा र ईर्ष्या व्यक्त गर्छन् । उत्तेजित भएको देखाउँछन् । तर हैकम जमाउने बलिया भालेहरूलाई तिनले लघारेर पोथी ओगट्न सक्ने हैसियत हुँदैन । ती न्याल काढेर मुर्मुरिँदै बस्नुबाहेक अरू विकल्प हुन्न । तैपनि मूली भाले कतै लाग्छ र यसो झुक्याएर सम्भोगको स्वाद चाखिहाल्न पाइन्छ कि भनेर ती वरिपरि ढुकेर बस्छन् ।

पोथीहरू नौ वर्षबाट यौनिक रूपमा तयार (एस्ट्रुस) हुन्छन् । भालेहरूलाई यौनावस्थामा पुग्न कम्तीमा १० वर्ष लाग्छ । तर सुरूको अवस्थामा छोटो समय मात्रै कामुक बन्छन् । एक महिनाको अवधिमा त ती ज्यादै उच्च रूपमा कामुक बन्छन् । घाँसले पेट भर्नतिर बेवास्ता गरेर यौनको स्वाद खोज्दै ती दिनभरि नै भौतारिएका हुन्छ्न् । भाले र पोथी नारिएको, टाँसिएको, चाटेको र जोडिएको मात्रै देखिन्छ । यो समयमा हात्तीका जोडी देख्नेलाई लाग्छ, कस्ता मिलेका । कति माया । अब यी कहिल्यै छुट्टिँदैनन् । तर त्यस्तो देखिने केही समयका लागि मात्रै हो ।

५५ वर्षभन्दा माथि पुगेपछि मत्ता हुने क्रम ज्यादै कम हुन्छ । दबिएका भालेको यौनाकाङ्क्षा अवधि केही दिन मात्र रहन्छ । तर पाकाहरूको तीनचार महिनासम्म रहन सक्छ । मत्ता भएका बेला भालेको टेस्टोस्टेरन हर्मोन जुन रगतमा हुन्छ, त्यो ५० गुणाले वृद्धि हुन्छ । यसैले उसको बानी र क्रियाकलापमा यस्तो भिन्नता ल्याउँछ ।

जङ्गली अवस्थामा पोथीहरू प्रायः गर्भिणी वा बच्चासँग हुन्छन् । एक्लो भएका बेला वर्षमा चार महिना जति यौनिक अवस्थामा रहन्छन् । यो अवधिमा तीनदेखि चार दिन मात्रै गर्भिणी हुन सक्ने उपयुक्त क्षण वा डिम्ब निस्कने समय हो । अफ्रिकी हात्तीहरूमा गरिएको अनुसन्धानले हात्तीहरूले एक सय भिन्न हात्तीका आवाज छुट्याउन सक्छन् भन्ने पत्ता लागेको छ । ३२ किमि टाढाबाट सञ्चार आदानप्रदान गर्न सक्छन् भन्ने पनि । प्रायः एउटा बलियो, हैकम चलाउन सक्ने भालेले वरिपरिका केही पोथी ओगटेर राख्छ । उसले ती पोथी वरिपरि अरू भालेलाई आउन दिँदैन ।

घण्टाभर सम्भोग, ५६ पटक वीर्यपतन

वसन्तको आगमनले रूखबिरूवामा मात्रै हरियाली ल्याउँदैन । वन र वनस्पतिमा उमङ्ग पनि थप्छ । चराहरू उत्साहित हुन्छन् । झाडीमा लुकेकाहरू बाहिर निस्केर मुक्तकण्ठले गाएको सुनिन्छ । कीरा र भुसुनासमेत झुन्झुनाउन थाल्छन् । नौला मुना र पालुवाले जीवजन्तुलाई थप हृष्टपुष्ट पार्छ । शरीर पुस्टिएपछि नयाँ जोस, इच्छा, चाहना र यौनको तिर्खा सिर्जना गरिदिन्छ । दमित यौनाकाङ्क्षाले सीमा पार गर्न थालेपछि वनमा छुट्टै रौनक छाउँछ । जीवजन्तुका अङ्ग, कोषकोष, पात र डाँठहरूमा पनि जवानीको वासना थपिन्छ । खासगरी गर्मीयामसँगै ह्वात्तै बढ्ने जीवजन्तुको मायाप्रेम, लखेटालखेट र मायाप्रीतिका विविध क्रियाकलाप रमणीय हुन्छन् । झाडीका अँध्यारा सियाँल र बुट्यानमुनि प्रेमका अनेक रमाइला कथा सुरू हुन्छन् ।

खासगरी मार्च महिनाको सुरूतिरबाट गैंडाको ऋतुकाल लाग्छ । यो बेला बैंस लागेर मैमत्ता भएका भालेहरूले पिसाब तुरूक्क, तुरूक्क तुर्क्याइरहन्छन् । खुट्टा धसार्छन् । मुन्टो खुब हल्लाउँछन् । त्यस्ता भालेले अर्को भाले देखेमा ज्यादै आक्रामक ढङ्गमा प्रस्तुत हुन्छन् । कि त यो बलियो छ भन्ने जानकारी भएमा आफैं तर्किन्छन् । अझ आक्रामक, हमलाकारी, उद्दण्ड भए सुइँकुच्चा ठोक्छन् । यो अवस्थामा दुई उद्दण्ड भालेहरूबीच जम्काभेट भएमा लडाइँ निकै भयपूर्ण हुन्छ ।

यौनिक रूपमा तयार पोथीले तुरूक्क, तुरूक्क पिसाब तुर्क्याइरहन्छे । यो सायद सम्भावित भालेहरूलाई आकर्षित गर्न वा जनाउ दिनका लागि हो । उसले तुर्क्याएको पिसाब सुँघेपछि भालेहरूले पत्तो पाउँछन्, "लौ यो पोथीलाई बैंस लागेछ ।" उसले सिलसिला मिलाएर (रिदमिकल) सुसेल्छे । आवाज सुनेर पनि थाहा पाउने भए । त्यो जनाउ पाएपछि भालेहरू त्यस्ता पोथीको निकट हुन थाल्छन् । भालेले फकाउन थाल्छ । कसरी आफ्नो बहसमा पार्ने भनेर मरिहत्ते गर्न थालिहाल्छ ।

गैंडामा वर्षैभरि भालेपोथीको यौन क्रियाकलाप हुँदैन । भाले र पोथीको सहवास गर्ने समयावधि ठिक्क मिलेको हुनुपर्छ । त्यही बेला बल्ल सहवास हुन्छ । पोथीहरू जब सम्भोग गर्ने अवस्थामा पुग्छन्, त्यो काल (एस्ट्रुस पेरिओड) ४६ देखि ४८ दिनको हुन्छ । यही बेला भालेहरू पनि तातेको अवस्थामा भए बल्ल भालेपोथीको यौनाकाङ्क्षा मिल्छ । प्रायः मार्च महिनादेखि जुनसम्ममा यिनले प्रजननका लागि रूचाउँछन् । सम्भोग हुने समयभन्दा केही दिनअगाडिदेखि नै भाले र पोथीबीच भेट हुन्छ । जोडी बन्छ ।

धेरै जनावरले भाग्ने पोथीहरूलाई शान्त पार्न खोज्छन् । सुस्तरी पाइला चाल्छन् । गति घटाउँछन् । आनन्दले बिस्तारै हिँडेर पोथीलाई फकाउने जुक्ति रच्छन् । तर गैँडाको यौन अक्कल अलि भिन्न छ । भालेले पोथीलाई यौनक्रियामा तयार पार्न थकाउने जुक्ति निकाल्छ । मसिनो अवाज निकालेर पोथीलाई भालेले लखेट्छ । पोथी पनि के कम ? भालेले लखेट्न थालेपछि पोथीले पनि भालेलाई खेद्न थाल्छे । रमाइलो खेल सुरू हुन्छ ।

दुईतीन किमि टाढासम्मै भालेले लखेट्दै लैजान्छ । लखेट्दा वन नै गुञ्जायमान हुने गरी निकै ठूलो आवाज निकाल्छ । भालेपोथी दुवै टाढैबाट चिच्याएको आवाज सुनिन्छ । यो लखेटालखेटले अन्य भालेको पनि ध्यान तान्छ, "यो वनमा कुनै भालेले मौका मार्दै छ ।" यस्तो आवाज सुनेपछि अन्य भालेका पनि कान ठाडा हुन्छन् । यो भालेले पोथीलाई दिएको यातना भन्दा पनि प्रणयको क्रियाकलाप हो । पोथीले यस्तो बेला चर्को आवाज निकाल्छे । भालेले पनि छोटो कर्कश आवाज निकाल्छ– उँउँ, डिँडिँ ।

यस्तो सुनेपछि अरू भालेले कसरी सहने ? तिनले पनि पोथीलाई पछ्याउन थाल्छन् । यही बेला पोथी ओगट्नका लागि भालेहरूबीच घमासान पर्छ । पोथीले बलियालाई च्याप्छे । निर्धाहरू भाग्छन् । बलियाको झम्टाइबाट लखेटिन्छन् । त्यो लडाइँमा कहिलेकाहीँ त एउटा भाले मारिन्छ पनि । घाइते हुनु त सामान्य घटना नै भयो । कतिपय भाले त यस्तै लडाइँमा घाइते भएपछि घाउ पाकेर पनि मर्ने गर्छन् ।

हुन त नेपालमा सरकारी तथ्याङ्कहरू शङ्काको घेरामा पर्ने गरेका छन् । तैपनि चितवन राष्ट्रिय निकुञ्जमा गैँडाहरूको कुल मृत्युमध्ये २५ प्रतिशत लडाइँबाट हुने गरेको तथ्याङ्क छ । गैँडाहरूबीच आपसी लडाइँ मूलतः यस्तै बेलामा बढी हुने गर्छ । लडाइँमा दाह्राले हान्ने र टोक्ने गर्छन् । बलिया र लामा दाह्रा यस्तो लडाइँमा जित्ने बलिया हतियार हुन् ।

भाले र पोथीबीचको यो सम्भोग करिब एक घण्टा चल्छ । एकै पटकको सम्भोग लगातार ८३ मिनेटसम्म भएको पनि अभिलेख गरिएको छ । भालेले एक पटकको सम्भोगमा ५६ पटकसम्म वीर्य पतन गरेको पाइएको छ । यदि पोथीको गर्भ नबसेमा फेरि ३६ दिनदेखि दुई महिनाभित्रमा पोथी यौनिक रूपमा तयार भएर भाले खोज्न थाल्छे । सम्भोगको काम सकिएपछि ती आआफ्नो बाटो लाग्छन् । तिनमा खासै निकटको सम्बन्ध रहन्न । सम्भोगका बेला यिनले पनि अलि शान्त र एकान्त खोज्छन् । त्यसैले रातको समय बढी रूचाउँछन् ।

पोथीहरूले नदीछेउछाउ वा पानीको स्रोतनजिकको अलि साँघुरो भूभाग (टेराटोरी) ओगटेर बस्छन् । पोथीले नियमित ओगट्ने २० वर्गकिमिको क्षेत्रफल हुन्छ । गैँडाले पानीको स्रोत रूचाए पनि धेरै समय खुला ठाउँमा बिताउँछन् । तर गर्मीयाममा भने लामो समयसम्म आहाल खेलेर बिताउने गर्छन् । पोथीको वासस्थान क्षेत्रभन्दा भालेको

दुईदेखि तीन वर्गकिमि जति फराकिलो हुन्छ । पोथीले ओगटेकै ठाउँमा भालेको पनि वासस्थान खप्टिएको (ओभरल्याप) हुन्छ ।

हैकम चलाउने (डोमिनेन्ट) भालेको टाउको स्वभावतः अलि ठूलो हुन्छ । घाँटीको तल झुन्डिने मासुको लुर्कन पनि स्पष्टसँग अलि चुच्चो परेको देखिन्छ ।

भालेपोथी दुवैले हिँड्ने मार्गको छेउछाउमा गोब्राउँछन् । गोबरका डल्लाको थुप्रो पार्छन् । त्यसरी चर्ने ठाउँमा पनि गोबरका डल्ला खसालेका हुन्छन् । यसो गर्नुको कारण हो– दिशा पत्ता लगाउनका लागि चिह्न राख्नु । आफ्नो बास्थानको सङ्केत गर्नु । यो क्षेत्रमा अरू गैंडाका लागि म छु भनेर जनाउ गर्नु । वैज्ञानिकहरू भन्छन्– पिसाब तुर्क्याउनुको अर्को कारण पनि छ । भाले र पोथीले एकअर्कालाई यौनावस्थाको जनाउ दिनु । पिसाबले त्यो कस्तो, कुन उमेर, अवस्था, क्षमताको हो भन्ने जनाउसमेत दिन्छ ।

आज्ञाकारी भालेहरूले रबाफिलो भालेका वासस्थान क्षेत्र साझेदारी गर्न सक्छन् । अर्थात् रबाफिला भालेका क्षेत्रमा अन्य कमजोर भालेहरू पनि बसेका हुन सक्छन् । यस्ता कमजोर भालेहरूले चाहिँ जानकारी दिनका लागि पिसाब तुर्क्याउने गर्दैनन् । रबाफिला वा बलिया भालेहरू देख्नासाथ यी कमजोर भालेहरू सुइँकुच्चा ठोक्छन् । नत्र रबाफिला भालेहरूले यस्ता कमजोरलाई तत्कालै कुटेर लखेटिहाल्छन् ।

एकसिँगे गैंडाले एकदमै कम आवाज निकाल्छन् । यिनका आवाज विविध खाले हुन्छन् । चर्को आवाज उही लडाइँका बेला सुनिने हो । नाकबाट आवाज निकाल्ने, हिल्लिने, घुर्नेदेखि इँकइँक गरेर कराउने यिनको बानी हुन्छ ।

गैंडाहरू ५० देखि ६० प्रतिशत समय चर्नमा बिताउँछन् । बाँकी समय पल्टिएर बिताउँछन् । गैंडाले हरेक दिन पानी पिउँछन् । गर्मीयाममा अधिक समय हिलो र पानीमा आहाल खेलेर बिताउँछन् । कि त मध्याह्नका बेला सियाँलमा पल्टिन्छन् । अफ्रिकामा पाइने दुई सिङ भएका गैंडाभन्दा एकसिँगे गैंडा शान्त स्वभावका हुन्छन् । पोथीहरूले आफ्नो अलग्गै समूह पनि बनाउँछन् । तिनमा बच्चा भएका पोथी पनि हुन्छन् । पूर्ण वयस्क भइनसकेका (सब अर्डिनेट)हरूले पनि समूह बनाउँछन् ।

जन्तुको अक्कल, नेताको नक्कल

नेकपा अध्यक्ष पुष्पकमल दाहाल "प्रचण्ड" निकै चलाख र बाठा नेता मानिन्छन् । राजनीतिमा यी पहिले सर्वाधिक चतुर र कुशल खेलाडी मानिन्थे । त्यसो त पूर्वप्रधानमन्त्री गिरिजाप्रसाद कोइराला पनि कम्ती चतुर थिएनन् । परिस्थिति, अवस्था र आवश्यकताअनुसार यिनीहरू राजनीतिलाई आफ्नो अनुकूल पार्न खप्पिस मानिन्थे । कहाँबाट सिके होलान् यिनले यस्तो अक्कल, चलाखी र चतुऱ्याइँ ? कतै जीवजन्तुबाट नक्कल गरेका त होइनन् ? किनभने जीवजन्तुहरू पनि यस्तै चतुऱ्याइँ गर्छन् । अर्थात् कोइराला र प्रचण्डले झैं अरूलाई लडाउने, भिडाउने, सम्झाउने, फकाउने, फुटाउने, धम्क्याउने, फुल्याउने, एकत्रित गर्ने, अन्तिममा आफूअनुकूल पार्ने गर्छन् । वैज्ञानिकहरू भन्छन्– मानिसबाट जीवजन्तुले चोरे भनौं भने पृथ्वीमा मानिसभन्दा पहिले जीवजन्तुको उत्पत्ति भएको हो ।

वैज्ञानिकहरूले रातो बाँदर, सोस (डल्फिन), स्पर्स नामको ह्वेल माछा, हात्ती र हुँडारलगायत थुप्रै जन्तुको अध्ययन गर्दा पत्ता लगाए, तिनले पनि खुबै राजनीति गर्ने रहेछन् । तिनले यस्तो राजनीति गर्छन् कि तिनको तुलनामा मानिसको राजनीति सामान्य लाग्छ । तिनले एकदम जटिल र विवादास्पद राजनीति गर्छन् ।

उदाहरणका लागि, सोसहरू एकमाथि अर्को गरी तीन ओटा खप्टिएर बस्छन् । अरूलाई एउटा मात्रै भएको देखाउँछन् । शत्रुहरू आइपर्दा तीन ओटा एकसाथ निस्किएर मुकाबिला गर्न त्यस्तो अक्कल निकाल्छन् । यसरी एकताबद्ध बस्नुको कारण एकले अर्कोलाई सहयोग गर्नु हो । मानिसले आफ्नो ससानो समूह बनाएर एकै ठाउँ बसे जस्तो यिनीहरू यस्तै छरिएर रहेकाहरूको खोजी गरीगरी समूह बनाउने रहेछन् । पहिचानवादी, मधेसवादी, वामपन्थी, राष्ट्रवादी एकता भन्दै भुरेटाकुरे नेता र दलहरू जम्मा भएझैं समूह बनाउँछन् ।

हात्तीमा चाहिँ पोथी राजनीतिक खेलाडी हुने गर्छे । जन्मजातै पोथीहरूको नेतृत्व हुन्छ । नेतृत्वकर्ता पनि समूहकी सबैभन्दा बूढी र पाकी पोथी टोली नेता हुने गर्छे । उसैले अरूलाई कज्याउँछे । हाम्रा नेताका पछाडि कार्यकर्ता लागे जस्तो अरू सबै त्यही पोथीका पछाडि लाग्छन् । पार्टी अध्यक्षले बैठक बस्ने निर्णय गरेझैं हात्तीको पोथीले पनि आफ्ना समर्थक राखेर विभिन्न निर्णय गराउँछे । पोथी (ढोई)ले खुब चातुर्य निकाल्छे । उसले आफू बलियो भएर सुरक्षित रहन सामाजिक समूह नै निर्माण गर्छे ।

आफ्नो कुर्सी जोगाउन विभिन्न गुट बनाएर बस्ने नेताले झैं एक सय ओटासम्मको त्यस्तो समूह दीर्घकालका लागि बनाउँछे । सङ्ख्या थोरै भए अलि थोरैको बनाउँछे । त्यसो गर्दा समूहगत रूपमा फराकिला क्षेत्र ओगटेर बस्न पाइने, सञ्चार सम्पर्क पनि सहज बन्ने गर्छ ।

तर फरक के छ भने समूहको नेतृत्वकर्ता पोथीले वासस्थान र समूहकै सुरक्षाबारे निर्णय गर्छन् । तिनको बथानमा हेर्दा थाहा पाइन्छ, कहिलेकाहीँ त्यहाँ पनि कसैले बेसरी कराएर अस्वीकार गरिरहेको हुन्छ । राजनीतिक पार्टीमाहरूमा मतभेद भए जस्तै त्यहाँ पनि मतभेद हुन्छ । अन्तिम निर्णय भने त्यही नेतृत्व हातमा लिएकी पोथीको हुन्छ । यहाँ पनि पार्टी अध्यक्षको जस्तै राजनीतिक अधिकार लागू हुन्छ । अरूले उसले भनेको मान्छन् । नेतृत्वले भनेको नमाने के हुन्छ राजनीतिक पार्टीहरूमा ? अनुशासनको कारबाही हुन्छ । हात्तीहरूमा पनि त्यही हुन्छ । नमान्ने भए बथान छोडेर जाऊ । कहिलेकाहीँ राजनीतिक दलबाट केही नेता र कार्यकर्ता चोइटिएझैं तिनको समूह पनि चोइटिन्छ । पार्टी एकता गर्ने भनेर जुटे जस्तै तिनको समूह केही समयपछि फेरि पनि फर्किन्छ ।

जीवजन्तुमा खतरा राजनीतिक खेलाडी हुँडार पनि हुन् । यिनीहरू पनि समूह नबनाई बस्दैनन् । राजनीतिक पार्टीले सदस्य, सचिव, कोषाध्यक्ष, उपाध्यक्ष, कार्यकर्ता, जिल्ला तह, क्षेत्रीय तह आदि बनाए जस्तै यो हुँडारहरूमा पनि तहैतह हुन्छ । उनीहरूले माथिल्लोदेखि तल्लो तह छुट्याएर सामाजिक समूह खडा गर्छन् । पार्टीको माथिल्लो तहका नेताले तल्लो तहका नेता तथा कार्यकर्तामाथि अत्याचार र पेलाइ गरे जस्तै यो जीवमा पनि माथिल्लो तहबाट तल्लामाथि अत्याचार हुन्छ । त्यस्तो बेला थिचिने र मिचिने कार्यकर्ताले के गर्छन् ? विद्रोह । हुँडारहरूमा पनि ठ्याक्कै त्यही हो । त्यस्तो विद्रोह देखाउन पहिले यिनीहरू उफ्रिएर मनको तुस देखाउँछन् । रिसाउँछन् । आक्रोशित बन्छन् ।

राजनीतिक पार्टीमा थिचिएका नेताले एकै चोटि पार्टी नछोडी नोट अफ डिसेन्ट, फरक मत जाहेर आदि गरे जस्तो लगातार त्यस्तो थिचाइ भइरहे तलका मिलेर नेतृत्वलाई हुत्याएझैं हुँडारहरूले पनि त्यो अत्याचारीलाई हुत्याउँछन् । अर्थात् दबिएकाहरू दबाउनेलाई मिल्काउन एकजुट हुन्छन् । राजनीतिक पार्टीमा पनि कमजोरहरूको बहुमत पुग्यो भने माथिकालाई मिल्काउने गर्छन् । एक्लो नेता असफल नेता भएझैं एक्लो हुँडार कार्यकर्ताबिनाको नेता जस्तो असफल नेतृत्वकर्ता हो । हुँडार पनि राजनीतिक जीवनमा असफल भएको नेता जस्तै बन्छ । मोहनविक्रम सिं जस्तो एक्लो नेता बन्छ । जीवनमा सफल हुनै सक्दैन । उसले केही मौका नै पाउँदैन ।

वैज्ञानिकहरूका अनुसार मानिसको जस्तै जनावरका पनि मन पर्ने र नपर्ने हुन्छन् । आफूलाई मन पर्नेसँग निकट हुन चाहन्छन् । तीसँग पनि विभिन्न अक्कल र उपाय हुन्छन् । नजिक पुग्ने, प्रिय बन्ने र निकट रहने हुन्छन् । जीवजन्तु पनि आफू र आफ्नो

समूह शत्रुबाट जोगिन, मुकाबिला गर्न, आफ्नो क्षेत्र विस्तार गर्न जनयुद्धकालका छापामारभन्दा पनि कुशल हुन्छन् । जोडी खोज्नका लागि पनि कतिपयलाई निकै कठिन पर्छ । कतिपय यति टाठा र सीप भएका हुन्छन् कि तिनले तुरून्तै पगाल्छन् । अरूलाई आकर्षित गरिहाल्छन् ।

के त्यसो गर्न सजिलो छ ? त्यसका लागि पनि राजनीतिक दाउपेच जान्नुपर्छ । त्यहाँ पनि तिनको खुबी, चलाखी, सीप, ज्ञान, रणनीति र दाउपेचको परीक्षण हुन्छ । एउटालाई हुत्याएर अर्कोले ओगट्छ । नेपालमा ०४६ सालपछि गिरिजाप्रसाद कोइराला, शेरबहादुर देउवा, कृष्णप्रसाद भट्टराई, झलनाथ खनाल, माधवकुमार नेपाल, सूर्यबहादुर थापा, लोकेन्द्रबहादुर चन्दमा प्रधानमन्त्री को बन्ने भनेर तानातान र विवाद भए जस्तो । कहिले को प्रधानमन्त्री त, कहिले कुन । जीवजन्तुमा पनि एउटाविरूद्ध अर्कोले मोर्चाबन्दी कस्छ । शेरबहादुर देउवाले आफू प्रधानमन्त्री हुन सांसद खरिदबिक्री गरे जस्तो समूहका एकअर्कालाई फकाउन मरिहत्ते गर्छन् । लोभ्याएर आफूतिर तान्छन् ।

कोही सफलै सफल हुन्छ । कोही हारको हार खान्छ । सफल हुन धेरै गुण हुनुपर्छ । अरूलाई खुसी पार्न धेरै क्षमता हुनुपर्छ । रौंकिएकालाई थामथुम पार्न सक्नुपऱ्यो । फुल्याउन पनि सक्नुपऱ्यो । शान्त पार्ने, एकअर्कालाई मिलाउने, कहिलेकाहीँ तर्साउने, धम्क्याउने क्षमता पार्टीका नेताहरूको जस्तै चाहियो । यसो नभए दुई दिनमा सरकारबाट बाहिर भन्दै तर्साए जस्तो गर्नुपर्छ । त्यसका लागि खुबी र बल पनि चाहिन्छ ।

चाकरी त जीवजन्तुमा झन् अचम्मै हुने गर्छ । जनावरको चाकरीका अगाडि सायद जर्नेल र कर्णेलका अगाडि सामान्य सेना, मन्त्रीहरूका अगाडि कार्यकर्ताको केही होइन । बलियाको शरीर नै कन्याउन पुग्छन् । सुन्दरी छ भने खाना खोजीखोजी ल्याएर दिन्छन् । ढाडका जुम्रा, कीरा र किर्ना टिप्न मरिमेट्छन् । भाले बाँदर होऊन् कि सिंह । मृग होस् कि हात्ती होस् ।

बाँदरहरूको त झन् सामाजिक आचरण जटिल हुन्छ । त्यही आचरण र व्यवहार मानवसँग मिल्छ । वैज्ञानिकहरू त्यही जटिलता नै मानव सफलताको कारण मान्छन् । हाम्रो सबैभन्दा ठूलो दुःखको स्रोत पनि त्यही हो । किनकि मानव इतिहासमा सबैभन्दा ठूला समस्या झन्डै सधैंजसो अरूबाट सिर्जित हुन्छ । बाँदरमा पनि ठ्याक्कै त्यही लागू हुन्छ । बाँदरलाई जहाँ लगिदिए पनि सधैं अरू बाँदरले समस्या सिर्जना गरिदिन्छ । वैयक्तिक रूपमा आहारा, पानी, वास र स्रोतका लागि तिनीहरू लड्दैनन् । शक्तिका लागि लड्छन् । स्तर वा दर्जाका लागि लड्छन् । उनीहरू पनि राजनीतिक नेता र शासकहरू जस्तै हरेक कुरामा नियन्त्रण गर्न चाहन्छन् ।

बाँदरहरू निकट बस्ने र सम्बन्ध जोड्ने गर्न चाहन्छन् । साथी बनाउन खोज्छन् । फाइदा हुनेछ भने शरीर कन्याइदिने र सुमसुम्याइदिएर सहयोग गर्छन् । तिनले अरूलाई सहयोग गरेको बहाना त पार्छन् तर बालकहरूलाई सहयोग गर्दैनन् कि वयस्कलाई गर्छन् । आफूभन्दा माथिल्लो दर्जाकालाई सहयोग गर्छन्, तल्लालाई होइन । शक्तिशाली,

उच्च पदमा पुगेका,वरिपरि थुप्रै कार्यकर्ता र नेताले साथ दिएका उच्च तहका नेताका बीचमा शक्तिका लागि ती बलिया भएर राजनीतिक टकराव हुन्छ । झिनामसिना दल र अलि तल्लो श्रेणीका नेताबीच किन टक्कर पर्दैन ? शक्तिका कारणले पर्छ । तिनीहरूसँग शक्ति भए पो टर्ने ।

बाँदरहरू प्रायः आफूले जित्छु भन्ने निर्क्योल नभएसम्म लडाइँ गर्दैनन् । अर्थात् सामान्य चोटपटकबाहेक ठूलो क्षति हुन्न भन्ने बुझेपछि मात्रै लडाइँ गर्छन् । अथवा अझै स्पष्टसँग भन्नुपर्दा थोरै लगानीमा बढी फाइदा लिने कोसिस गर्छन् । ठूलो क्षति हुने भए तर्कन्छन् । जनयुद्धकालमा माओवादीको रणनीति त्यस्तै थियो । हारिन्छ भन्ने भएपछि उनीहरू रक्षात्मक अवस्था भन्दै पछि हट्थे अनि कहिले युद्धविराम गर्थे । जीवजन्तुको रणनीति नेताहरूमा पनि लागू भएको होइन ?

कसरी बन्छन् स्त्री र पुरूष ?

महिला र पुरूष । यी एउटै आमाबाबुबाट बन्छन् । बच्चा हुर्किने पेट पनि एउटै हुन्छ । तर उही महिला र पुरूषबाट पनि कहिले केटो त कहिले केटी जन्मने किन ? के हुँदा केटा बन्ने हो ? के भए केटी ? किन केटैकेटा वा केटी नै केटी जन्मिँदैनन् ?

हरेक मानिसमा २३ जोडा क्रोमोजोम हुन्छन् । अथवा जम्मा ४६ ओटा हुन्छन् । तीमध्ये २२ जोडा (४४ ओटा)ले आँखाको रङ, रोग लाग्न सक्ने गुण जस्ता शारीरिक विकाससँग सम्बन्धित कामको निर्धारण गर्छन् । बाँकी २३ जोडी रह्यो । अथवा दुई ओटा । यो क्रोमोजोमले चाहिँ यौनसम्बन्धी काम गर्छ । भाले र पोथी दुवैमा हुने यो क्रोमोजोम अरूभन्दा पूर्ण रूपमा फरक हुन्छ । महिला र पुरूषबीच सम्भोग भएपछि यदि दुवैको एक्सएक्स (XX) क्रोमोजोम भएमा त्यस्तो बच्चा महिला बन्छ । एक्सवाई (XY) भएमा पुरूष हुन्छ । यहीँनिर स्पष्ट हुनु जरूरी छ, यो एक्स र वाई (X and Y) भनेको के हो ? किन एक्स र वाई नाम राखियो ? वास्तविकता के हो भने यी क्रोमोजोम अङ्ग्रेजी अक्षर एक्स र वाई जस्ता आकारका देखिनाले यस्तो नाम राखिएको हो ।

जेहोस्, बच्चा बन्नका लागि महिला र पुरूषका क्रोमोजोमहरू हुनै पर्‍यो । यदि तीमध्ये एउटा वाई भएमा यो भ्रूणबाट पुरूषको लिङ्ग बन्छ । वाई क्रोमोजोम नभएको खण्डमा त्यो भ्रूणबाट स्त्रीलिङ्ग बन्छ । योबाहेक अति दुर्लभ अवस्थामा मात्रै फरकफरक खाले क्रोमोजोमहरूको मिश्रण हुन्छ । त्यो अवस्थामा प्राविधिक रूपले दुवै यौनाङ्ग बन्छन् भन्ने तर्क वैज्ञानिकहरूको छ ।

यौनाङ्गको धमनी (सेक्स ग्लान्ड)को भ्रूणीय विकास भइसकेपछि शक्तिशाली रासायनिक तत्त्वका रूपमा रहेका क्रोमोजोमहरू रगतका बहावहरूमा मिसिएर भ्रूणका प्रत्येक कोषहरूमा पुग्छन् । यी हर्मोनले महिलामा सन्तान उत्पादन गर्ने फराकिलो बाटो (ट्याक्ट) बनाउँछन् । तिनले पुरूषको सन्तान उत्पादन गर्ने बाटो (ट्याक्ट)लाई चाहिँ त्यो नबनाउन निर्देश गर्छन् ।

हर्मोनहरूले शरीरको बाहिरी भागको यौनाङ्ग विकास गर्न पनि दबाब दिन्छन् । कहिलेकाहीँ बाध्य नै पार्छन् । अन्ततः हर्मोनहरू दिमागसम्म पुग्छन् । अनि महिला र पुरूष (वा भाले र पोथी)को भिन्नता त्यहाँ पनि छुट्याउँछन् । जस्तैः महिलामा जीवनभरि हर्मोन छोडिरहने चक्र हुन्छ ।

रस चुसेपछि नृत्य

रोदी र चौतारीमा जम्ने नाच के नाच ? तामाङ सेलो के खतरा ? नाच्न जाने मादल र बाँसुरी, तबला र मुर्चुङ्गा केही चाहिँदैन । नपत्याए मौरीहरूबाट सिके हुन्छ । फूलको रस भेटे मात्रै पनि छमछम नाच्छन् मौरी । मादल र डम्फु, बाँसुरी र झुम्का नबजाईकन पनि मौरीहरू छमछम नाच्छन् ।

भुर्र उड्यो । कुनै फूलमा गयो । टक्क उभिएर सुत्तसुत्त रस चुसेपछि मौरीहरू छमछमी नाच्छन् । अस्ट्रेलियाली वैज्ञानिकहरूले त कोकिन भन्ने लागुपदार्थ खाने अम्मलीहरूसित फूलको रस चुस्ने मौरीहरूलाई तुलना गरेका छन् । कोकिनका अम्मलीहरू कोकिन पाएपछि खुब नाच्छन् भनिन्छ । उनीहरू उमङ्गले प्रफुल्लित हुन्छन् । फूलको रस चुसेका मौरीहरूमा त्यस्तै उमङ्ग छाउने रहेछ । ती असाध्यै खुसी हुने रहेछन् । त्यही खुसी, उमङ्ग र हर्षले मौरीहरू नाच्ने रहेछन् ।

रस प्रशस्त भएको फूल पत्ता लगाएपछि मौरीहरू आफ्नो घारमा फर्किन्छन् । त्यहाँका अरू साथीहरूलाई सङ्केत गर्न नाच्ने गर्छन् । मौरीहरू आफूले ठूलो पुरस्कार फेला पारेको सङ्केत गर्ने माध्यमको रूप नाचलाई बनाउने रहेछन् । आफ्ना साथीहरूलाई त्यो रस भएको फूल कहाँ फेला पारेको हो भनेर ढल्कीढल्की, ओल्टिपल्टी गरेर नाचबाटै देखाउँछन् ।

वैज्ञानिकलाई त्यो नाचले के सङ्केत गर्ला त ? मौरीहरूको दिमागमा त्यस्तो बेला के भइरहेको हुन्छ भनेर बुझ्न सङ्केत गर्छ । त्यो रसले मौरीहरूलाई उत्साह, जोस, हौसला थप्ने रहेछ । आफ्ना साथीहरूसँग सञ्चार सम्पर्क गर्न थप प्रेरित पनि गर्ने रहेछ । यो अध्ययनले के सङ्केत गरेको छ भने कुन खालको रस लिँदा कस्तो लक्षण देखाउँछन् मौरीले भन्ने गहिरो अध्ययन गर्ने हो भने लागुपदार्थका अम्मलीबारे पनि महत्त्वपूर्ण उपलब्धि हासिल हुन सक्छ ।

अर्काको यौनाङ्ग हेरेर दङ्ग

किशोरकिशोरी हुँदा नाङ्गा तस्बिरहरू नहेर्ने कमै हुन्छन् । तिनले लुकीलुकी पनि हेर्छन् । किशोरकिशोरी मात्रै होइन, वृद्धवृद्धाले पनि नहेर्नेचाहिँ होइनन् । यसो महिलाका लुगा घुँडाबाट माथि सर्दा पनि कति पुरूष त टाढैबाट आँखा तन्काउन थाल्छन् । तर त्यस्तो यौनाङ्ग हेर्ने आकर्षण त मान्छेमा मात्रै होइन रहेछ । बाँदरहरू पनि आफ्नो समूहका सदस्यको यौनाङ्ग हेरेर मुस्कुराउने रहेछन् । दङ्ग पर्ने रहेछन् । घाँटी बटारीबटारी, आँखा तन्काईतन्काई अर्काको यौनाङ्ग हेर्ने रहेछन् ।

यो वैज्ञानिकहरूले खोजीनिती गरेर पत्ता लगाएको वास्तविकता हो । उनीहरूका अनुसार बाँदरहरूले सामाजिक मूल्य र मान्यता कायम गर्न त्यसरी यौनाङ्ग हेर्ने गर्छन् । केही सदस्यको यौनाङ्ग हेरेपछि तीबीचमा कसले कसलाई परै राख्ने, पन्छाउने, सामाजिक रूपमा हेलाँ गर्ने हो र कसले कसलाई रूचाउने भन्ने निर्णय हुन्छ ।

डुक विश्वविद्यालयको मेडिकल सेन्टरले *करेन्ट बायोलोजी* भन्ने म्यागजिनमा प्रकाशन गरेको आलेखअनुसार बाँदरहरूले सबैखाले सामाजिक क्रियाकलापबारे जानकारी लिने गर्छन् । तिनका लागि कुनै जानकारी बढी महत्त्वपूर्ण त, कुनै कम हुन्छन् । भालेहरूले सर्वप्रथम त पोथीतिर होइन, भालेतिरै आँखा गाड्छन् । उच्च श्रेणी (बलियो, सुन्दर, हैकमवाला, रवाफिलो भन्न खोजिएको)को भालेलाई नै बढी ध्यान दिन्छन् । तिनले एकअर्कासित प्रतिस्पर्धा गर्नुपर्ने भएकाले आफ्नो वरिपरिका अरू भालेको स्तर जाँच्नुपर्छ । नत्र कसरी आफ्नो प्रतिद्वन्द्वी को हो भनेर छुट्याउने ? कसरी मुकाबिला गर्ने ? आफूभन्दा बलियो, हैकमी, बूढो, वयस्क कुन खाले छ, ख्याल गर्नुपर्छ ।

बलियो, सुन्दर, हैकमवाला, रबाफिला भालेहरूले एकअर्कासँग आँखा भने कमै जुधाउँछन् । किनकि लामो समय आँखा जुधाउँदा रिस उत्पन्न गराउँछ । ती दुई भालेबीच ज्यान नै जोखिममा पर्ने गरी डरलाग्दो लडाइँ हुन सक्छ ।

आफूले आहारा पाउँदा रबाफिला (डोमिनेन्ट) भालेहरूले तुरून्तै आफ्ना प्रभावका वा वरिपरिका पोथीहरूसँग बाँडेर खाने गर्छन् । पोथीहरूलाई कसरी नजिक ल्याऊँ, कसरी मन पगालौं भन्ने ध्याउन्न भालेहरूको हुन्छ । तर रबाफिला भाले देखेपछि कमजोर भालेहरूले भने पहिल्यै टाउको निहुर्‍याउँछन् । आँखा झुकाउन थालिहाल्छन् । अर्थात् तिनलाई रबाफिला भालेका अगाडि पोथीहरूलाई वशमा पार्न सकिन्छ भन्ने विश्वास नै हुन्न । किनभने दादागिरी देखाउने भालेले पिटेर थिलथिलो पार्लान् भन्ने डर हुन्छ ।

अर्को कुरा, रबाफिला भालेहरूको खानामा पहुँच पनि बढी हुन्छ । किनकि तिनले निर्धाहरूलाई धम्क्याएर, थर्काएर र लघारेर पनि बढी लिन्छन् र राम्रो, धेरै आहारा पाइने ठाउँमा आफूले कब्जा जमाएर बस्छन् । त्यही कारणले पोथी पनि त्यस्तै भालेतिर बढी लहसिन्छन् । प्रचुर आहारा पाइने थलो भालेले कब्जा गरेर राखिदिन्छ । पोथीले दुःख नगरी खान पाउँछन् ।

वैज्ञानिकहरू भन्छन्, कुनै पोथीको यौनाङ्ग हेर्दा भने तिनलाई फाइदा पुग्छ । त्यसैले तिनले पोथीको यौनाङ्गमा घोरिईघोरिई हेर्ने गर्छन् । तिनको यौनाङ्गको आकार नियाल्ने गर्छन् । ठूलो र रातो यौनाङ्गले भालेलाई आकर्षित गर्छ । पोथीको यौनाङ्ग वरिपरिको रातोले तिनलाई बैंसको छनक दिन्छ । वैज्ञानिकहरूले के पनि पाए भने परीक्षणका क्रममा ऐनाका अगाडि राखिदिएमध्ये मोटा, स्वस्थ, तगडा र रबाफिला कामुकमध्ये ४१ प्रतिशत भालेहरूले आफूलाई हेरेर बस्ने रहेछन् । तर कमजोर वा दबिएका भालेमध्ये चाहिँ १४ प्रतिशतले मात्रै आफ्नो अनुहार हेर्ने रहेछन् ।

भाले बाँदरहरूले पोथीका मात्रै होइन, आफ्नो पनि यौनाङ्ग नियालेर हेर्छन् । तर पोथीका यौनाङ्ग हेर्न औधी रूचाउँछन् । अरू भालेको अवस्था थाहा पाउन भालेहरूले तिनको यौनाङ्ग पनि हेर्नुपर्छ । तर पोथीको यौनाङ्ग हेरिरहने भालेहरूले भने भालेको यौनाङ्ग हेर्न उति समय दिँदैनन् । ती पोथीकै यौनाङ्गमा दङ्ग पर्छन् । आर्काको यौनाङ्ग हेर्न बाँदरहरू खप्पिस हुन्छन् । तिनले मानिसलाई पनि उछिन्छन् । वैज्ञानिकहरू के भन्छन् भने मानिसहरूले अर्काको यौनाङ्ग हेरे पनि बाँदरले झैं एकाग्र भएर हेर्दैनन् । त्यसरी हेरे पनि उसको यौनाङ्ग देखेकै भरमा त्यो व्यक्तिको सङ्केत र अवस्था बुझ्न सक्दैनन् । तर बाँदरहरूले भने यौनाङ्ग हेरेरै वयस्कता, उसको स्तर र अन्य जानकारी पाउँछन् ।

पिसाबबाट साथी पहिचान

आँखाले प्रस्टै देख्छन् । नाङ्ला जत्रा कान छन् । छिस्रिक्क गरे पनि मज्जाले सुन्छन् । स्मरणशक्ति त झन् यति तगडा हुन्छ कि चारपाँच वर्षको उमेरमा हजुरआमासित एक पटक हिँडेको जङ्गलको बाटो ५० वर्षपछि पनि ठ्याक्कै सम्झन्छन् । तर आफ्नै साथीचाहिँ चिन्न नसकेर हात्तीहरूले पिसाब तुरूक्कतुरूक्क तुर्क्याउनुपर्छ !

हो, हात्तीले आफ्ना साथी को हुन् भनेर चिन्न पिसाब तुर्क्याउनुपर्छ । पिसाबमा भएको मोलिक्युलर कम्पोजिसनका आधारमा मात्रै तिनले आफ्ना साथी चिन्छन् । साथी मात्रै चिन्ने हो र ? पिसाबको गन्धका आधारमा उसका दर्जनौं रहस्य के छन् भन्ने पनि पत्ता लगाउँछन् । तिनका शक्तिशाली नाकले साथीहरू कहाँ छन् भनेर थाहा पाउँछन् । उपस्थिति पत्ता लगाउँछन् । तिनको क्रियाकलापका बारेमा सूचना मिल्छ ।

हात्तीले आफ्नो आहारविहार राम्ररी गर्नका लागि उसको स्मरण क्षमता निकै तगडा हुनुपर्छ । किनभने हात्तीहरू प्रायः समूहमा हुन्छन् । कहिलेकाहीँ त सय ओटाको सङ्ख्यामा सँगसँगै चर्छन् । त्यसरी ती सबैलाई आहारा पुग्न निकै लामो क्षेत्रको यात्रा गर्नुपर्छ ।

स्कटल्यान्डको सेन्ट एन्ड्र्यु विश्वविद्यालयका प्राध्यापक रिचर्ड बायर्नले अफ्रिकाको केन्यास्थित एम्बोस्ली राष्ट्रिय निकुञ्जका जङ्गली हात्तीहरूको अनुसन्धान गरेका थिए । बायर्नलगायत बेलायत र केन्याका वैज्ञानिकहरूले आवाजको प्रयोग सिक्दै गरेका बच्चा हात्तीदेखि कुनै समूहमा आएर मिसिने नवआगन्तुकसम्मको आवाजको गतिविधिसम्बन्धी अध्ययन गरे ।

अनुसन्धानका क्रममा ढोई (पोथी हात्ती)को पिसाबमा माटो मिसाएर तिनले हात्ती हिँड्ने बाटोमा राखिदिए । त्यसरी तिनले ३६ ओटा भिन्नाभिन्नै हात्तीका परिवार हिँड्ने बाटोमा राखेर प्रतिक्रिया लिए । हात्तीले त्यो सुँघ्दा आफ्नोभन्दा भिन्नै समूहको परेकाले उति वास्ता गरेनन् । तर आफूलाई पहिचान भएको जस्तो गन्ध आउनासाथ ती रोकिए । सुँडले निकै बेर सुँघेर जानकारी लिन खोजे । त्यस्तो पहिचान भएको गन्ध आएको हात्ती पहिले कुनै बेला आफ्नै समूहमा पर्ने, पछि छुट्टिएको, समूह धेरै ठूलो भएर विभाजित भएको, समूहलाई उछिनेर अगाडि बढेको, अल्मलिएको वा निश्चित समयका लागि अन्यत्र पुगेकाले चासो राख्थे । त्यसरी जुन गन्धमा चासो राख्छन्, ती आफ्नै समूह वा परिवारको भनेर बुझिन्थ्यो ।

सेक्सको आनन्दपछि क्वाप्ल्याक्कै

कति निर्दयी ! भालेलाई फकाएर ल्याउने, मज्जाले सेक्सको आनन्द लिने, सन्तुष्टि पुगेपछि त्यही भालेलाई क्वाप्ल्याक्कै निल्ने माकुराको संसार स्वार्थी हुन्छ । अस्ट्रेलियन रेड ब्याक स्पाइडर भनिने माकुराको जीवन भन्नु नै सेक्स र मृत्यु हो । ती भाग्यमानी रहेछन् भने सेक्स जीवनको मज्जा केही समय लिन पाउँछन् । नत्र पहिलो पटककै अनुभवमा जीवन समाप्त हुन सक्छ । किनभने जोसित आनन्द लिन र दिन आउँछन्, त्यसको अर्थात् यो जातका भाले माकुरा पोथीको सिकार बन्छन् ।

अनुसन्धानबाट ८३ प्रतिशत भालेको मृत्यु त सेक्स गर्न आउँदा नै समाप्त हुने देखिएको छ । सफलतापूर्वक सेक्स गरेर बाबु बन्न यो जातिका भालेहरू अरू भालेले मौका पाउनुअघि नै आफूले स्वाद लिनका लागि एकदम छिटो वयस्क बन्नुपर्छ । त्यो आफ्नो वरिपरि कति ओटासँग सम्भोगका सम्भावना छन् भन्नेमा भर पर्छ ।

पोथीको सामीप्यमा पुग्न भालेहरू आफू पहिलो हुन खोज्छन् । त्यसैले उसले सम्भावित पोथी खोज्दै हिँड्नुपर्छ । फेरि चाखलाग्दो कुरो के छ भने सेक्सका लागि तयार पोथी नजिक छ भने भाले एकदम छिटो वयस्क बन्छन् । मौकाको सम्भावना क्षीण भयो भने अरू पोथी कता छन् भनी खोज्न अझ टाढाको यात्रामा भौतारिनुपर्छ ।

सेक्स गर्ने बेलामा भालेहरू आफ्नो शुक्रकीट स्थानान्तरण गर्न पोथीका मुखतिर जान्छन् । तिनले पोथीको मुखको भागमा छोड्न खोज्छन् । यही मौका छोपेर धेरै पोथीले भालेलाई निलिदिन्छन् । त्यसरी निलिदिने पोथीहरूले अरू भाले सेक्सका निम्ति आए पनि प्रायः आफूलाई तयार बनाउँदैनन् । त्यसरी नजिक आउने भालेले सेक्सको आनन्द लिन नपाए पनि भएका सबै बच्चाको हेरचाह गर्छ । त्यस्ता भाले अभागी हुन्छन् । उनीहरूले आफूले सेक्सको आनन्द लिन पनि पाउँदैनन् र अरूको बच्चाको हेरचाह पनि गर्नुपर्छ ।

एकै पटकको सम्भोगबाट प्रत्येक महिना हरेक बेतमा पोथीले सयदेखि तीन सय ओटासम्म फुल पार्न सक्छे । त्यसरी पोथीले लगातार दुई वर्षसम्म फुल पार्न सक्छे । एक पटक सम्भोग गरिसकेपछि पुनः सम्भोग गर्ने सम्भावना पोथीहरूको ज्यादै न्यून हुन्छ । पोथीले सम्भोग गरेर भालेबाट आवश्यक शुक्रकीटहरू लिइसकेपछि आहाराका रूपमा बाहेक भालेलाई महत्त्व नै दिँदैनन् । त्यसपछि पोथीले भालेलाई नै खाइदिन्छन् र त्यसले प्रजननमा भूमिका खेल्छ ।

अधिकांश माकुराको जातमा पोथीभन्दा भालेहरू साना हुन्छन् । अस्ट्रेलियन रेडब्याक माकुरामा पनि त्यही हो । पोथीभन्दा भाले एक सयदेखि दुई सय गुणा साना हुन्छन् । त्यसैले पोथीले भालेलाई आहारा भन्दा पनि चटनीझैं त्यत्तिकै निलिदिन्छन् ।

प्रायः भालेको जीवन आठ हप्ता जतिको हुन्छ । यो अवधिमा पोथीको आहारा नबनी बच्चा हुर्काएर बस्न पाउने भाग्यमानी भालेको सङ्ख्या २० प्रतिशत मात्रै हुन्छ । सम्भोगका बेला पोथीको चटनी बन्नु भालेहरूका लागि खासै ठूलो कुरा बन्दैन । आफ्नो वंश जोगाउन भाले पनि बाठा हुन्छन् ! आफूले सम्भोग गरिसकेपछि अर्को भालेले नगरोस् वा उसका शुक्रकीटहरू पोथीले नलियोस् भनेर पहिलो भालेले पोथीको गुप्ताङ्गमा बिर्को लगाइदिन्छ । भालेहरूसित त्यो संयन्त्र हुन्छ ।

एउटै जीवमा दुइटा लिङ्ग !

एउटै लिङ्गको आवश्यकता पूरा गर्न त मानवदेखि चरा र अन्य जनावरसम्म कति बलात्कारका घटना सुनिन्छन् । झन् एउटै जीवसँग दुई ओटा लिङ्ग भए के होला ? तर दुई ओटा लिङ्ग भएको जीव फेला परेको छ । वैज्ञानिकहरूले दुई ओटा लिङ्ग भएको गोहोरो (छेपारो वर्गमा राखेका छन्) फेला पारेका छन् । यसका भालेहरूमा मात्रै दुई ओटा लिङ्ग हुन्छन् । त्यस्तो लिङ्गलाई हाइपेन्स भन्ने गर्छन् । यस्तो लिङ्ग केही सर्प र छेपारामा पनि पाइने वैज्ञानिकहरूको भनाइ छ । ती दुई ओटा लिङ्गको काम के होला ? कसरी प्रयोग गर्दो हो ? कसरी तह लगाउँदो हो ?

दुई ओटा लिङ्गलाई यस्ता जीवले पालैपालो प्रयोग गर्ने रहेछन् । एउटा केही भयो भने अर्को जगेडा ! कहिलेकाहीँ भने बल्छी जस्तो गरेर अड्काउन प्रयोग गर्छन्, जसले गर्दा सम्भोग गर्ने बेला पोथीलाई नियन्त्रणमा राख्न भालेलाई सजिलो हुन्छ ।

पूर्ण रूपमा हुर्किएको मान्छेको उचाइ जत्रै लम्बाइ र दुई ओटा लिङ्ग भएको गोहोरो वैज्ञानिकहरूले फिलिपिन्समा फेला पारेका हुन् । भारानुस बितातावा नाम राखेको यो गोहोरो फिलिपिन्सको लुजोन टापुमा फेला परेको हो । मासु नखाने यो जीव पूर्ण रूपमा फलफूलमा निर्भर हुन्छ ।

सास फेर्ने जिब्रोले !

मानिसले जिब्रो खाना चाख्न, स्वाद पत्ता लगाउन र गन्ध जाँच्न प्रयोग गर्छन् । तर एक खाले कछुवाले पानीभित्र सास फेर्न प्रयोग गर्ने रहेछ । कमन मस्क टर्टल भनिने कछुवाहरूको पानीमुनिको आनिबानी गहिरिएर हेर्दा हालसालै वैज्ञानिकहरूले यो तथ्य पत्ता लगाए । धेरै कछुवाहरूको मुखमा एक भाग हुन्छ, जसले अक्सिजनलाई वरिपरिको पानीबाट तानेर लिन्छ ।

जलचरहरूले पानीमा अक्सिजन लिने अङ्ग कहीँ न कहीँ हुन्छ भन्ने त मानिसलाई थाहा थियो । वैज्ञानिकहरूले त्यसैको खोजी गर्दा अकस्मात् यो तथ्य पत्ता लगाएका हुन् ।

वैज्ञानिकहरूले यो कसरी पत्ता लगाए त ? कछुवाका बच्चाहरूले पानीबाहिर आएर आहारा समातेको अवलोकन गरे । कछुवाहरूले पाखामा कहिल्यै पनि आहारा खाँदैनन् । तिनले बाहिर टिपेको आहारा पनि घसार्दै पानीमा लैजान्छन् । त्यो गतिविधि नियाल्दा तिनले मुख र जिब्रो कसरी चलाउँछन्, कसरी खान्छन् भनेर नजिकबाट बुझ्न सहयोग मिल्यो ।

वैज्ञानिकहरूले कमन मस्क टर्टलको जिब्रो सानो र कमजोर हुने कुरा पनि पत्ता लगाए । त्यो जिब्रोको भाग पापीलाय भनिने केही उठेका साना कोषहरूले ढाकिएको हुन्छ । तिनै कोषहरूले नै यी कछुवालाई अक्सिजन तान्न सहयोग गर्दा रहेछन् । हुन त पापिलाय भनिने कोष मानिसमा पनि हुन्छन् । तर हाम्रो पापीलायले भने पूर्ण रूपमा फरक काम गर्छन् । ती स्वाद पत्ता लगाउन सक्रिय हुन्छन् ।

सेक्स कि समाप्ति !

जबसम्म जूनकीरी झिलिकमिलिक गर्दैनन् र तिनका गीत सुनिँदैनन्, तबसम्म गाउँघरमा गर्मीयाम लागेको अनुभव हुँदैन । अर्थात् जूनकीरीहरूले गर्मीयामको सङ्केत गर्दै पिलपिले आगो बोकेर घरआँगन, करेसाबारी र चौरतिर आउँछन् । मसिना हुन् कि ठूला हुन्, तिनले अँध्यारो नै रूचाउँछन् । तर तीमाथि धेरैको ध्यान भने केन्द्रित हुने गर्छ । तिनको हरियो र पहेंलो प्रकाशबारे धेरै गीत लेखिएका छन् । कथा बुनिएका छन् । ध्यान तानिएका छन् । बच्चाहरू त झन् जूनकीरी खोज्ने भन्दै घाँसतिर दगुरादगुर नै गर्छन् । तर त्यही पहेंलो प्रकाशले भाले जूनकीरीलाई जीवनको अन्त्यतिर डोऱ्याउँछ भन्ने चाखलाग्दो तथ्य भने कतिलाई थाहा होला !

जाडोयाम सकिएर गर्मी सुरू हुन थालेपछि साँझको गरम वातावरणमा जूनकीरीका भालेहरू घाँस र झाडीतिर सलबलाउन थाल्छन् । ती प्रायः समथर फाँट र नजिकै जङ्गल भएको छेउछाउमा बढी सल्बलाउन रूचाउँछन् । हाम्रा लागि उज्यालो छर्ने जूनकीरीको प्रकाश तिनका लागि यौनको सङ्केत हो । पाका भालेहरूले घाँसबाट माथि उडेर पहेंलो र हरियो रङ निकाल्दै पोथीहरूलाई यौनाकाङ्क्षाको सङ्केत गर्छन् । पोथीहरू पनि के कम ? भालेका प्रकाशहरू तिनले वरिपरिबाट नियाल्छन् । पोथीहरूलाई चाख लागेमा तिनले पनि बत्ती बालेरै सकारात्मक सङ्केत दिन्छन् । नत्र चुपचाप बस्छन् । अध्ययनहरूले के देखाएका छन् भने धेरै चम्किलो र छिटो बत्ती बाल्न सक्ने भालेहरू पोथीका छनोटमा पर्छन् ।

झट्ट हेर्दा देखेका जति सबै जूनकीरी हामीलाई उस्तै लागे पनि तिनका थुप्रै प्रजाति हुन्छन् । त्यसैले भालेहरूले आफ्नै प्रजातिको कुन पोथीले सम्भोगको स्वाद लिएको छैन, त्यस्तालाई ढुकेर बस्छन् । त्यस्तै पोथीको खोजीमा लाग्छन् । किन भालेहरूले सम्भोगको अनुभव नभएका पोथी कुर्छन् त ? यो अर्को चाखलाग्दो पाटो हो ।

यसको चाखलाग्दो तथ्य के छ भने सम्भोग गरिसकेका पोथीहरूले शरीरको रसायन बदलेर सम्भोग गर्न आउने भालेलाई नै खाइदिन्छन् । त्यो तथ्यको जानकारी भालेहरूलाई हुन्छ । पहिले भालेलाई सम्भोगका लागि सङ्केत दिने त्यही प्रकाश त्यस्ता पोथीहरूले एक पटक सम्भोगको स्वाद लिइसकेपछि भने भालेलाई आहाराका रूपमा खान हतियारका रूपमा प्रयोग गर्न थाल्छन् । कतिपय पोथी त यति बाठा हुन्छन् कि

तिनले शङ्का नगर्ने र अनुभव नभएका भालेहरू जतिसक्दो धेरैलाई आकर्षण गर्छन् । तिनलाई छक्याएर आहारा बनाइदिन सक्छन् ।

जति छिटो बत्ती बाल्यो, उति पोथीले रूचाउने हुँदा भालेहरू पनि आहारा बनाउने पोथीका धरापमा पर्छन् । किनभने तिनले पोथीहरूको रूचाइमा पर्न झन् छिटोछिटो बत्ती बाल्ने कोसिस गर्छन् । अरू भालेले पोथी ओगट्लान् भनेर हतारिँदा, प्रतिस्पर्धा गर्दा पनि धेरै भाले यौनको काण्डमा मारिन्छन् । त्यसैले हरेक साँझ भालेहरूले बाल्ने बत्तीमा "सेक्सको आनन्द कि जीवनको समाप्ति" भन्ने जोखिम रहन्छ । केही वैज्ञानिकहरूले भने छिटो र चम्किलो बत्ती बाल्न सक्ने भालेहरूले धेरै पोथी ओगट्ने बताएका छन् । तिनको भनाइमा कहिलेकहीँ त कुनै भालेले सयौं पोथी खेलाउँछ ।

तनावले घट्दै छ बाघको शरीर

विश्वमै अति सङ्कटापन्न अवस्थामा पुगिसकेका पाटे बाघहरूको सङ्ख्या घट्दै गएको त सबैलाई थाहा भएकै हो । विश्वभरि बेङ्गाल टाइगर भनेर चिनिने बाघमाथि अहिले झन् अर्को समस्या थपिएको छ । जङ्गलमा हजारौं किमि क्षेत्र ओगटेर सारा जीवजन्तुलाई लघारेर, जितेर बस्न सक्ने जीवको ज्यान पीर र चिन्ताले घट्दै गएको छ ।

तर "अचानोको पीर खुकुरीले जान्दैन" भने जस्तै यो जीव तनावैतनाव र चिन्तामा छ । कतिसम्म होला त तनाव पनि ? पाटे बाघहरूको शरीरको आकारै तनावका कारण घट्दै गएको रहेछ । जङ्गलमा स्वतन्त्रपूर्वक राइँदाइँ गरेर बाँच्ने यस्ता शक्तिशाली जीवलाई तनाव हुनुको कारण के होला ?

वैज्ञानिकहरूले बढ्दो वातावरणीय परिवर्तनबाट उत्पन्न समस्यालाई कारक मानेका छन् । भारतमा भएको एक अध्ययनअनुसार पाटे बाघको सङ्ख्या मात्रै घटेको नभएर अब बाघको आकार पनि घटिरहेको छ । विशेषज्ञहरूले बाघको शरीर र तौल तनावले गर्दा घटिरहेको बताएका छन् । बङ्गलादेशसित सिमाना जोडिएको भारतको सुन्दरवन बाघ आरक्षका बाघहरूको अध्ययन गर्दा त्यो तथ्य फेला पऱ्यो । वातावरणीय परिवर्तनको असरले तिनको प्राकृतिक वासस्थानमा प्रभाव पार्न जाँदा त्यसो भएको भनाइ छ । सुन्दरवनका बाघहरूको स्थितिबारे अध्ययन गर्दा त्यहाँका बाघको शरीर एक दशकभन्दा अघिको तुलनामा हलुङ्गो र सानो भएको पाइयो ।

यस्तो अध्ययन नेपालमा नभएकाले यसै भन्न सकिने अवस्था छैन । तर भारतमा फेला परेको यो तथ्यले हाम्रा बाघहरूको अवस्था पनि धेरै भिन्न छैन कि भन्ने सङ्केत गर्छ । किनभने नेपालमा पाइने बाघ र त्यहाँ पाइने बाघ एकै जातिका हुन् । तिनको आहारा, वासस्थान, आनिबानी र बाघ सङ्कटमा पर्नुका कारण पनि दुवै देशमा समान छन् । भारत र नेपालका बाघ यता र उता बसाइँ पनि सरिरहन्छन् । स्वस्थ देखिए पनि सुन्दरवनका बाघको तौल जम्मा ९८ किलो मात्रै पाइयो । विशेषज्ञहरूको भनाइमा एउटा स्वस्थ बाघको तौल एक सय ४० किलोभन्दा कम हुनुहुँदैन ।

समस्याका थप कारण केके हुन सक्छन् ? तिनको वासस्थानमाथिको अतिक्रमण त छँदै छ । प्राकृतिक वातावरणमा आएको बदलीले पनि प्रभाव पारिरहेको छ । बढी वर्षाले गर्दा समुद्री सतह बढिरहेको छ । त्यसको अर्थ ठूला नदी र गङ्गाहरूमा पनि

बाढी बढ्छ । भारतको गङ्गा, ब्रह्मपुत्र र मेग्ना जस्ता ठूला नदीमा बाढी धेरै आउँदा त्यसले घाँसेफाँट र सिमसार क्षेत्र ढाकिदिन्छ । बाघहरू घाँसे फाँटकै वरिपरि बस्छन् । नेपालको पनि चितवन, पर्सा, शुक्लाफाँटा र बर्दिया राष्ट्रिय निकुञ्जमा पाइने अधिकांश बाघ घाँसेफाँटकै निकट बस्छन् । किनभने तिनका आहारा खरायो र चित्तलहरू चर्ने थलो घाँसेमैदान नै हो । तिनका आहारामा परिवर्तन आएपछि बाघलाई पनि सङ्कट पर्छ ।

बाघको प्रमुख आहारा नै चित्तल र मृग हुन् । त्यस्ता बाढीले सानातिना पोखरीहरू पुरिदिने, ढाकिदिने गर्छ । त्यस्ता पोखरीहरूले बाघले आहारा बनाउने जीवहरूलाई आकर्षित गरेका हुन्छन् । नदीमा बाढी आएर जङ्गल ढाकिदिनाले चित्तलहरूको सङ्ख्या घटिरहेको पाइएको छ ।

यी सबै समस्याले गर्दा बाघ उचित आहाराको अभाव र कुपोषणबाट ग्रसित छन् । त्यसैले शारीरिक रूपमा बाघ तनाव र चिन्तामा छन् । भोक लाग्दा आफ्नो वासस्थानमा आहारा नपाएपछि ती बाख्रा र गाईगोरू खोज्दै मानव बस्तीतिर पस्छन् । मानव बस्तीमा पस्दा झन् जोखिम, डर र त्रास मोल्नुपर्छ । आहाराका लागि तड्पिएपछि शरीर घट्छ । भोकले ती चिन्तामा पर्छन् ।

बूढीबूढी ताक्छन् चिम्पान्जी

कुनै त जीवजन्तु पनि कस्ता ! एक्ला पोथी पाउँदापाउँदै पनि अरूले ओगटेका रूचाउने, कसैले नछोएका, नभोगेका पाउँदापाउँदै पनि वृद्धलाई ताक्ने भाले चिम्पान्जीहरू त्यस्तै हुन्छन् । उनीहरू अरू भालेले ओगटिसकेका पोथी रूचाउने रहेछन् । अर्काको खोसेर आफ्नो बनाउने । खोस्नु त खोस्नु, त्यो पनि कलिला, भर्खरका युवती नताकेर बूढीबूढी रूचाउने रहेछन् ।

चिम्पान्जीहरू मानवसित मिल्ने सबैभन्दा नजिकका जीव मानिन्छन् । तर एउटा बानी चिम्पान्जी र मानवबीच ठ्याक्कै उल्टो फेला पऱ्यो । मानव जातिमा सामान्यतः पुरूषहरूले आफूभन्दा कम उमेरका केटी र महिलाले पनि आफूभन्दा पाको केटो रूचाउँछन् । तर चिम्पान्जीहरूचाहिँ आफूभन्दा बढी उमेरका र पाएसम्म अझ बूढीलाई साइड हान्ने रहेछन् ।

यो घटनाले वैज्ञानिकहरूको टाउको खायो । अनुसन्धान गर्न थाले । उनीहरूले के पाए भने चिम्पान्जीहरू दीर्घकालसम्म एउटै पोथीसित बस्दैनन् । आफूले उपचार गर्नुपर्दैन । भविष्य बिताउने होइन । बच्चाको स्याहारसुसार गर्नुपर्ने होइन । सम्भोग गर्ने त पाएसम्म हो । भालेहरूले यस्तो सोच्ने रहेछन् । त्यसैले केही समय सम्भोगको मज्जा लियो, छोडिदियो । अर्को याममा कुन पोथी भेटिने हो के थाहा ? त्यसैले उनीहरू बूढी ताक्ने रहेछन् ।

अर्को कारण, ऋतुकालमा जब पोथीलाई भालेको चाख हुन्छ, तब बूढी चिम्पान्जीहरू भालेहरूको नजिकनजिक इच्छा जाहेर गर्न जान्छन् । नजिकै पाएपछि भाले पनि मक्खै हुन्छन् । आफूलाई मन पराएकोमा जिल्ल पर्दै तिनै बूढीसित लहसिन्छन् । भाले चिम्पान्जीलाई कम उमेरका पोथी चहार्दै हिँड्नै परेन ।

तर मान्छेको ? आफैंले पाल्नुपर्छ । कम उमेरकालाई कम रोग लाग्छ र खासगरी बढी उत्पादनशील हुन्छन् । त्यसले गर्दा भविष्यमा पनि तिनले स्वस्थ बालबच्चा जन्माउँछन् । वृद्धाहरू छिटो अनुत्पादक बन्छन् ।

चिम्पान्जीमा चाहिँ बूढा पोथीहरू आफैं भाले खोज्दै निकट जान्छन् । त्यसैले भर्खरका बैंसालु पोथी पट्याउन जस्तो गाह्रो हुन्न । सहज रूपमा पाइन्छन् । मासिकस्रावका बेला ती भालेको नजिकिन्छन् । त्यो मेसो भालेले पाइहाल्छन् । बलिया र ठूला भालेतिर बढी लहसिन्छन् । भालेको बथानमा गएर भालेभालेबीच झगडा पारिदिन्छन् । जुधाइदिन्छन् । आफूले फाइदा लिन खोज्नाले पनि भाले चिम्पान्जीले बूढीहरू रूचाएको पाइएको अनुसन्धानकर्मीले बताएका छन् ।

कुकुरले खुट्टो उचाल्नुको रहस्य

कुकुरले यसो पर्खालसर्खाल, डोकोडालो, अलिकति उठेको, अग्लो केही देख्नासाथ खुट्टो उचालिहाल्ने किन होला ? यसको वैज्ञानिक कारण भने बडो चाखलाग्दो रहेछ ।

भाले र पोथी दुवै कुकुरले पिसाब तुर्क्याएर आफ्नो स्तरका लागि प्रतिस्पर्धा गर्छन् । उच्च रबाफिला भाले कुकुरहरूले अझ बढी पिसाब तुर्क्याएर आफ्नो प्रभुत्व देखाउँछन् । भेट्नुअघि नै पिसाबका माध्यमले कुकुरहरूको प्रतिस्पर्धा हुन्छ । पिसाबको गन्धले हरेक कुकुरको स्वास्थ्य र अन्य पहिचान दिन्छ । हैसियत देखाउँछ ।

भाले र पोथी दुवै कुकुरले एकअर्काको उचाइ, खुट्टो उचाल्ने आकार, क्षेत्र र पिसाबको गुणका आधारमा प्रतिस्पर्धा गर्छन् । वैज्ञानिक तथ्यले के भन्छ भने कुनै एउटा कुकुरले तुर्क्याएको ठाउँमै तुर्क्याउने अर्को कुकुरको स्तर अघिल्लोको भन्दा बढी हुन्छ । यस अघिल्ला अध्ययनहरूले भने के देखाएका थिए भने त्यसरी तुर्क्याउने काम भालेले गर्छन् । त्यो पनि पोथीले तुर्क्याएको ठाउँमा त्यसको प्रत्युत्तरस्वरूप मात्रै भालेले तुर्क्याउँछन् ।

त्यसैले अघिल्ला रिपोर्टले के देखाएका थिए भने पोथीको पिसाबलाई छोप्न वा नष्ट गर्न भालेले पिसाब गर्थ्यो । अहिलेको तथ्य पत्ता लगाउन वैज्ञानिकले ४८ ओटा कुकुरमा परीक्षण गरेका थिए । काठका ठुटाहरू राखिदिएर त्यसमा पिसाब फेर्ने व्यवस्था मिलाएका थिए । उनीहरूले कुकुरले पिसाब गर्दा पुच्छर कति माथि उठाउँछ, नाकले कति सिँसिँ र फिँफिँ गर्छ, खुट्टो कुन आकारमा कति उचाल्छ र दाह्रा कति निकाल्छ भन्ने पनि अध्ययन गरे । पुच्छर लामा हुने कुकुरको स्तर उच्च हुने रहेछ । त्यस्ता कुकुर अरू कुकुरको पिसाबबाट तिनको अवस्था चाल पाउन बढी तगडा हुने रहेछन् ।

भाले र पोथी दुवैले पिसाब तुर्क्याउने गरे पनि भालेले पोथीले भन्दा बढी तुर्क्याउँछन् । कुकुरहरू एकअर्कामा भेट हुनुअगाडि नै त्यही पिसाबको अध्ययनबाट धेरै रहस्य पत्ता लगाउने गर्छन् । पिसाबको रासायनिक ज्ञानका आधारमा जानकारी भइसकेपछि ती सम्मुख हुँदा कसरी लड्ने, कताबाट आक्रमण गर्ने, कसरी आक्रमण गर्ने भन्ने निर्णय लिन कुकुरलाई सहज हुन्छ ।

बलात्कार रोक्ने बघिनीको अक्कल !

जङ्गलमा करिब ३५ वर्गकिमि क्षेत्र ओगटेर पोथी बाघ बस्छन् । भालेको मूलतः करिब ४२ वर्गकिमि भनिन्छ । यति ठूलो जङ्गलमा आफ्ना चिचिला जोगाउन पनि बघिनीहरूलाई हम्मेहम्मे पर्छ । जाबो एकदुई ओटा आफ्ना डमरू च्यापेर यत्रो जङ्गलमा कतै सुट्ट लुके पनि हुने हो तर त्यस्तो हुँदैन ।

भालेहरू यति निष्ठुरी हुन्छन् कि तिनले डमरू बोकेका सुत्केरी बघिनीलाई पनि सास्ती दिन्छन् । यौनमा मैमत्त भएर पोथी खोज्दै हिँड्छन् । एक्ला पोथी पाएनन् भने डमरूसितकै पोथीमाथि जाइलाग्छन् । बलात्कार गर्छन् । पोथीहरू पनि के कम ! तिनका पनि त्यस्ता भालेलाई भ्रममा पार्ने, छक्याउने आफ्नै अक्कल छन् ।

ऋतुकाल (भालेपोथी संसर्ग हुने बेला) लाग्न थालेपछि जङ्गलमा पोथीको खोजीमा भाले बाघहरूले आआफ्ना सिमाना काट्न थाल्छन् । यस्तो बनाउने तिनीहरूको हर्मोनको खेलले हो । ऋतुकालअघि आआफ्ना क्षेत्र ओगटेर बस्ने भालेहरूलाई पोथीको खोजीमा आफ्ना सिमाना कट्ने बनाउँछ । पोथीहरू पनि भालेका क्षेत्रतिर लाग्छन् । रूखका थम्बामा कोतरेर छोडेका डाम, भुइँमा तुर्क्याएको पिसाब, खोस्रिएका डोब र गन्धले तिनको उपस्थिति एकअर्कालाई थाहा हुन्छ । त्यसैले ऋतुकालका पोथी त्यस्तै बलिया र स्वस्थ भाले खोज्दै हिँड्छन् । लहसिन्छन् । रूखमा नङ्ग्राले कोतरेको देखेपछि त्यो कति भित्रसम्म कोतरिएको छ, कुन आकारको छ । ऊ कति बलियो छ भन्ने त्यसले भालेको परिचय दिन्छ ।

जङ्गलमा बाघ र बघिनीले खोजे जस्ता जोडी पाउनु पनि सहज छैन । सबै भाले भाग्यमानी हुँदैनन् । मरन्च्याँसे, कमजोर, छेरूवाहरूलाई कसले आँखा लगाउँछ र ! बलिया, सुन्दर, निरोगी भालेहरूलाई पोथी पाइँदैन कि भन्ने चिन्ता हुन्न । ती सहजै पोथीका छनोटमा पर्छन् । कमजोर भाले हेरेको हेर्‍यै हुन्छन् । ती पोथीको खोजीमा त हिँड्छन् तर तिनलाई अर्को कुनै बलियाले ओगटिसकेको हुन्छ । फेरि भौंतारिएर अर्को पोथी खोज्छन् । ऊ अर्कैसित लहसिएकी हुन्छे । अर्को खोज्यो झन् बलियाले लघार्छ । ऋतुकालका बेला कतिपय कमजोर भाले त पोथी नपाएर हैरान भएका हुन्छन् । तिनलाई यता र उति भाग्दैमा हैरानी हुन्छ ।

खोजेको जस्तै पोथी नमिलेपछि के गर्ने ? तिनले जस्तो भेट्टायो, त्यस्तै पोथी ताक्न थाल्छन् । एक्ली नपाए डमरूसितका पोथीलाई तिनले निसाना बनाउँछन् ।

त्यसो त जङ्गलमा सबै बलिया भालेले पोथी पाउँछन् भन्ने पनि हुन्न । पोथी नपाएका भाले रिसले चुर हुँदै बच्चासहितकै पोथीतिर जाइलाग्छन् । तिनले जबर्जस्ती पनि पोथीलाई यौनका लागि बाध्य बनाउन खोज्छन् ।

जबसम्म पोथीसित डमरू हुन्छन्, तिनको सम्पूर्ण ध्यान तिनलाई नै जोगाउनु, हुर्काउनु, खुवाउनु, खेलाउनुमै बित्छ । त्यस्ता पोथीको मन भाले खोज्नमा जाँदैन । तिनको शरीरको शक्ति र पोषण त्यसैमा खर्च हुन्छ । यौनका लागि तयार बनाउने हर्मोनहरू कम सक्रिय हुन्छन् । त्यसैले डमरू देखेपछि वयस्क भालेहरू आगो हुन्छन् । तिनले डमरूलाई मारिदिने कोसिस गर्छन् । किनभने डमरू मारिदियो भने त्यस्ता पोथी छिट्टै यौनकार्यका लागि तयार बन्छन् । तिनले खाएको सबै आफ्नै लागि पोषण बन्छ ।

भालेहरूले आफ्ना डमरू मार्ने कोसिस गर्छन् भन्ने कुरा पोथीहरूले बुझेका हुन्छन् । त्यसैले ती सकभर तर्किन्छन्, छलिन्छन्, भाग्छन्, लुक्छन् । केही दिनको फरकमा डमरूलाई सारेको सार्‍यै गरेर भालेहरूले नदेख्ने ठाउँमा लुकाएर जोगाउँछन् । तैपनि पोथीहरूको खोजी गर्दै हिँड्ने भालेले कहिलेकाहीँ फेला पारिहाल्छन् । नजिकै पर्दा भालेबाट कसरी जोगाउने त ? पोथीहरूले पनि अनेक अक्कल लगाउँछन् ।

जङ्गलमा कुनै पनि पोथीलाई जबर्जस्ती गर्न पुग्नुअघि भालेहरूले त्यो पोथीसित अरू कुनै भाले छ कि छैन भनेर पोथीको आनिबानी सतर्कतापूर्वक बुझ्छन् । अर्को भालेले ओगटिसकेको भए नजिक जाँदा आक्रमण गरेर तिनलाई ज्यान लेला भने डर हुन्छ । त्यसैले एक्ली हो कि होइन भनेर टाढैबाट पोथीको निगरानी गर्छन् । यो कुरो पोथीहरूले पनि राम्रोसित बुझेका हुन्छन् । यदि भालेहरू निकट हुन सक्छन् भन्ने शङ्का लागेमा भालेहरूलाई छक्याउन पोथीहरूले हुर्किन लागेका आफ्नै डमरूलाई आफूमाथि चढाउने, ओराल्ने गर्छन् । आफू भुइँमा लडिबुडी गर्ने, पल्टिने र आफ्ना बच्चालाई माथि चढाउने गरेर टाढाबाट निगरानी गर्ने भालेलाई देखाउँछन् ।

हुर्कन लागेका आफ्ना भाले डमरूलाई शरीरमाथि चढाएर पोथीले आफू कुनै भालेसँग लहसिएको देखाउँछे । ढाडमा चढाएर ऊ पटकपटक झाडीभित्र पस्ने र निस्कने गर्छे । बघिनीले कहिलेकाहीँ हुर्किएका बच्चालाई नारिँदै हिँडाएर देखाउँछे । ती डमरूहरू हुर्किएर माउबाट छुट्टिने बेला नभएसम्म उसले त्यसै गरिरहन्छे । हमलाकारी भालेबाट बच्न आफू कुनै भालेबाट ओगटिइसकेको जनाउ दिनु हो । यस्तो दृश्यले त्यो पोथीलाई अन्य कुनै भालेले ओगटिसकेको भ्रम भालेहरूमा पर्छ । यस्तो देखेपछि प्रायः भालेहरू तर्किएर सकभर अर्कै पोथीको खोजीतिर लाग्छन् ।

कहिलेकाहीँ त्यस्ता डमरूले आफ्नी आमाको जुक्ति नबुझ्दा साँच्चिकै यौनाकाङ्क्षा राखेको भ्रममा पर्छन् । कुनै बेला त डमरूहरूले जबर्जस्ती नै गर्छन् । माउले झापड

हानेरै ढाडबाट तिनलाई ओराल्नुपर्छ । यस्तो बेला डमरूहरू माउसँग मुकाबिला गरी जित्न सक्ने अवस्थाका भइसकेका हुँदैनन् । यो क्रियाकलाप भारतको पन्ना राष्ट्रिय निकुञ्जमा देखिए पनि वैज्ञानिक अनुसन्धानबाटै पुष्टि हुन भने बाँकी रहेको वैज्ञानिकहरूले बताएका छन् ।

तर डमरू साना छन् भनेचाहिँ बघिनीले आफ्ना बच्चा मुखले टोकेर केही दिनको अन्तरालमा बस्ने ठाउँ सारेको सान्यै गर्छे । लामो समय एकै ठाउँमा बस्दा भाले बाघहरूले फेला पार्छन् भन्ने भयले यस्तो तरिका अपनाउँछन् । किनभने भाले बाघहरू एकै ठाउँ बस्दैनन् । ती आफ्नो वासस्थानमा चक्कर मारिरहन्छन् र ऋतुकालका बेला पोथीको धुनमा हिँडिरहन्छन् ।

गीत गाउँदै, पोथी फकाउँदै

अर्काको मन त्यसै जितिन्छ ? त्यत्तिकै मन पग्लिन्छ ? त्यत्तिकै लसक्क टाँसिन त को पो आउँछ ? कसले सजिलै मन दिन्छ ? शरीर सुम्पिन्छ ? खोलानाला, कुला र दुलामा ट्वारट्वार गर्ने केही भ्यागुतालाई पनि पोथी फकाउन हम्मेहम्मे पर्ने रहेछ । पोथीको मन जितेर आफ्नो बनाउन, आफूतिर लसक्क टाँसिने बनाउन केही भ्यागुताले गीत गाउँछन् ।

वैज्ञानिकहरूले पनामाको गाम्बोआमा पाइने टुङ्गारा भनिने भ्यागुताका भालेले त्यसैगरी गीत गाएर पोथीलाई आकर्षित गर्छन् भन्ने पत्ता लगाएका छन् । ती भाले भ्यागुताले सन् १९७० ताका निकै प्रचलनमा रहेको डिस्को गीत जस्तै गाउँछन् । त्यो गीत ब्ल्याकबिट भनिने डिस्कोसँग मिल्छ । भालेहरूले घोक्रो फुलाईफुलाई त्यो गीत सुनाएर पोथीलाई फकाउने कोसिस गर्छन् । किनकि पोथीहरू गीतका अम्मली हुन्छन् । भालेका गीत पोथीले असाध्यै रूचाउने हुँदा ध्यान दिएर सुन्ने गर्छन् ।

पोथीका लागि भालेहरूले गीत पनि यस्तरी गाउने रहेछन् कि सुन्दासुन्दा पोथीहरू नै वाक्क पर्छन् । दिक्कै लागेर कतिपय पोथीहरूले त भालेलाई गीत रोक्न लगाउने गर्छन् । भालेले लामो समयसम्म गाएको गायै गर्दा पोथीहरू हैरानै पर्छन् । भालेहरूले पोथीलाई सुनाउन गाउने गीत जति महत्त्वपूर्ण हुन्छ, पोथीहरूले पनि वरिपरिको वातावरणबारे ध्यान दिनु त्यत्तिकै आवश्यक मानिन्छ । किनभने कहिलकाहीँ चमेराहरूले त्यसरी गीत गाउने भ्यागुतालाई ध्यान दिन्छन् । तिनका गीत सुन्छन् र आहारा बनाउन ढुकेर बस्छन् ।

भालेहरूले त्यस्ता गीत पनि विभिन्न भाका, टुक्राटाक्री मिलाएर गाउँछन् । लय पनि फरकफरक निकाल्छन् । कुनै लामो त कुनै छोटो, कुनै सुस्त र कुनै तीव्र पाराको गाउने रहेछन् । पोथीहरूले हरेक दुईदुई खण्ड अर्थात् एकै लयमा दुई पटक गाउने (दोहोऱ्याएर गाउने) लय बढी रूचाउने रहेछन् ।

भालेहरूको कण्ठको सीपअनुसार पोथीहरूले भाले छान्छन् । भालेहरूलाई लाग्छ, जति धेरै गीत गायो, उति पोथीले पत्याउँछन् । तर त्यो भालेहरूको भ्रम हो । किनकि पोथीहरूले भालेका गीत सुनेको सुन्यै गर्दैनन् । भालेहरूको त्यही भ्रमले गर्दा कहिलेकाहीँ पोथीहरू गीत सुनेर थाक्दा, वाक्कै पर्दा पनि भालेहरू एकोहोरो गाइरहन्छन् । भालेले

गीत नसक्दै मीठो गीत गाउने भालेलाई पोथीले बीचैमा ओगटेर पनि बसिदिन्छिन् । केही पटक गीत सुनेपछि पटक्कै मन नपरे बेवास्ता गरेर हिँडिदिन्छन् ।

मीठो लय हुने भाले भाग्यमानी हुन्छन् । किनकि पोथीहरू त्यस्तै भाले देखेर हुरूक्क हुने हुन् । कोही बेला भालेहरूले यति लामो गीत गाइदिन्छन् कि पोथीहरूलाई छान्नै हम्मेहम्मे पर्छ । त्यसले गर्दा कुन भाले छान्ने भनेर पोथीहरू केही समय अलमलमा पनि पर्छन् ।

बोतलमा सेक्स गर्न खोज्दा ठहरै

सेक्सका मामिलामा मान्छे हुरूक्क त हुन्छन् नै । सेक्सका कारणले पद र प्रतिष्ठा सारा दाउमा राख्छन् । त्यसो त केही जनावरका बारेमा पनि सेक्सका रोमाञ्चक कहानी सुनिने गरेको हो । तर सेक्समा पागल बन्यो भन्दैमा बोतलमाथि नै जाइलागेर ज्यानै गुमाउने अन्धा जीव पनि हुने रहेछन् । यौनाकाङ्क्षाले जीवलाई कतिसम्म अन्धो बनाउँछ भन्ने उदाहरण पनि हो यो ।

अस्ट्रेलियाको गर्मी हावापानीमा हुने अस्ट्रेलियन जेवल बिटल्स भनिने गोब्रे कीरा सेक्सका मामिलामा त्यस्तै अन्धा हुने रहेछन् । तिनले बियरका बोतललाई नै सेक्स गर्न गएर ज्यान फाल्छन् ।

अस्ट्रेलियामा निर्मित खैरो रङको बियरका बोतलहरूमा भाले गोब्रे कीरा टाँसिने गरेको वैज्ञानिकहरूले देखे । अनुसन्धान गर्दा पत्ता लाग्यो, त्यो बियरको बोतल सुन्तला वा खैरो रङको हुन्छ । गोब्रे कीराका पोथीसित ठ्याक्कै मिल्ने रहेछ । पिँधमा अलिकति थेप्चिएको हुन्छ । त्यो बियरको बोतल नढलोस् भनेर थेप्चो पारिने गरेको हो । तर त्यसमा प्रकाश पर्दा चम्किएर भालेहरूले पोथीको पखेटा जस्तै देख्छन् । अनुसन्धाताका अनुसार त्यसबाहेक ती बोतलमा भाले गोब्रे कीरालाई आकर्षण गर्ने सबै चीज हुने गर्छ ।

त्यस्तो बोतल देखेपछि भालेहरूले "लौ पोथी भेटियो" भन्ने सोच्छन् । अस्ट्रेलियाको तातो मौसममा गएर धमाधम बोतलमा गुप्ताङ्ग धस्न थाल्छन् । त्यसरी सिसामा धस्दा मुलायम गुप्ताङ्ग रहने कुरै भएन । भालेहरूको इहलीला समाप्त हुन्छ ।

अस्ट्रेलियाको पश्चिमी भागमा अनुसन्धान गरेका वैज्ञानिकहरूले सडकको छेउमा गोब्रे कीरा बोतलमा टाँसिएको देख्दा यहाँ पक्कै केही अचम्म हुनुपर्छ भन्ने अड्कल काटेर अवलोकन गर्न सुरू गरेका थिए । गत २० वर्षभन्दा बढी समयदेखि त्यसको निगरानी गर्न थालेको अनुसन्धाताले उल्लेख गरेका छन् ।

बियरको बोतलमा यौनिक आकर्षणको कुनै चीज नभएर मात्र त्यसको आकार, रङ र प्रकाशको मिश्रण पोथीसित मिलेकाले भालेहरू बोतलमाथि चढ्ने गरेका हुन् । भालेहरूले बोतललाई पोथी ठानेर सेक्सको प्रयास गरिरहँदा अन्ततः त्यहीँ मर्ने गर्छन् ।

यौनले उत्तेजित हुँदा पोथी हो कि होइन, चलायमान छ कि छैन भन्ने पनि ख्याल नगरी जाने भालेहरूको अन्धोपनलाई यसले सङ्केत गर्छ ।

मानिसहरूले यत्रतत्र मिल्काउने गरेका फोहोरका थुप्राले दुर्गन्ध मात्रै फैलाउँदैन, कसरी महत्त्वपूर्ण जीवहरूको अस्तित्वमा सङ्कट थप्छ भन्ने पनि यो एउटा उदाहरण हो । पछि यो अनुसन्धानले सन् २०११ को बायोलोजी क्षेत्रको नोबेल पुरस्कार पायो ।

हात्ती रोक्न मौरी सहारा

जङ्गली हात्तीको आक्रमणबाट झापा, सुनसरी, चितवन, बारा, पर्सा, नवलपरासी, बर्दियालगायत तराईका अन्य जिल्लामा हरेक वर्ष मानिस मारिन्छन् । बालीनाली पाकेका बेला हात्तीले खेतबारीमा पसेर अन्नबाली खाइदिने गरेका छन् । त्यसैले खेतीपातीको क्षति त कति हुन्छ कति, जङ्गली हात्तीको आक्रमण पूर्व झापादेखि पश्चिम महेन्द्रनगरसम्मै स्थानीय जनताले खपिरहेका छन् । मुख्य गरी चारकोसे झाडी वरिपरिको बस्तीमा हरेक वर्ष हात्तीले मान्छे मार्ने, घर भत्काउने र बालीनाली मास्ने गर्छ । तर स्थानीय प्रशासनले भने हात्तीको आक्रमण र क्षतिलाई रोक्ने सजिलो उपाय हुँदाहुँदै पनि झन् हात्ती बिच्क्याउने र उत्तेजित पार्ने गर्दै आएको छ । त्यसैले झन् बढी क्षति हुने गरेको हो ।

तरिका एकदम सजिलो छ । महँगो पनि छैन । सामान्य काठ र तारबाट बनेको मौरीको घारले प्रहरीका बन्दुक र राँको, जनताको चिच्याहटलाई नटेर्ने हात्ती कुलेलम ठोक्ने गरेका छन् । किसानका बालीनाली मास्न पस्ने हात्तीलाई तर्काउने गरेका छन् । त्यसका लागि अरू केही गर्नुपर्दैन, मौरी बस्ने काठ्का घारहरू बनाउनुपर्छ । हात्ती आउने बाटोमा खेतीभन्दा करिब १० मिटर परै मसिना तारहरूमा बाँधेर मौरीका घार राखिदिने, लहरै राखिएका घारहरू एकले अर्कोलाई छुने गरी बाँध्ने गर्नुपर्छ । हात्ती बालीनाली खान वा मान्छेका घरमा पस्न खोज्दा त्यो डोरीमा ठोक्किएर मौरीको घार हल्लिन्छ । मौरीले आफूलाई दख्खल दिन आएको ठानेर हात्तीलाई टोक्न जान्छन् । हात्ती कुलेलम ठोक्छन् । यसलाई सजिलै, न्यून खर्चमा प्रयोग गर्न सकिने र यसबाट धनजनको क्षति र हात्ती संरक्षणसमेत गर्न सकिने वैज्ञानिकहरूले औंल्याएका छन् ।

हात्तीको छाला त्यति बाक्लो हुन्छ, कसरी टोक्न सक्छ भन्ने लाग्न सक्छ । साँचो हो, हात्तीको शरीरमा अधिकांश भागको छाला बाक्लो हुन्छ । तर कानको छेउ, आँखा र सुँडको छाला अत्यन्त पातलो र संवेदनशील मानिन्छ । त्यसलाई हात्तीको अनारी पनि भन्छन् । मौरीले त्यस्तै कमलो ठाउँमा टोक्दा त्यसका खिल गड्छन् । मौरीको खिल गडेपछि हात्तीलाई लामो समयसम्म दुख्न थाल्छ । वैज्ञानिकहरूका अनुसार त्यसको पीडा हात्तीलाई यतिसम्म हुन्छ कि ज्वरो नै आउँछ । यही डरले हात्तीहरू भाग्ने गरेका हुन् । जङ्गलमा विचरण गर्ने हुनाले हात्तीहरू यसै पनि मौरीको टोकाइबारे जानकार रहन्छन् ।

केन्यामा जङ्गली हात्तीले मान्छे मार्ने र किसानका बालीनाली मास्ने गर्न थालेपछि किसानले विद्युतीय धराप राखेर हात्ती मार्ने, विष राखिदिने वा गोली हानेर हात्ती मार्न थाले । यसलाई कसरी रोक्ने भनेर बेलायतको लन्डन विश्वविद्यालयका अनुसन्धानकर्मीले अध्ययन गरे । त्यस क्रममा लन्डन युनिभर्सिटीको जिओलोजी विभागका फ्रिज भोलराथले मौरी भएका रूखहरूबाट हात्ती तर्किने गरेको सन् २००२ मा पत्तो पाए ।

केन्यामा त्यसरी लहरै राखिएका मौरीका घारमध्ये केहीमा मौरी थिएनन्, चाका मात्रै राखिएको थियो । मौरीको चाकाको गन्ध पनि हात्तीले थाहा पाउने भएकाले त्यस्तो बाटोबाट हात्ती तर्केको पत्ता लाग्यो । हात्तीहरू मौरीको भुनुनु सुन्नासाथै पनि पुच्छर ठाडो पार्दै भागेको उनीहरूले पत्ता लगाए ।

हात्तीको स्मरण शक्ति ज्यादै तगडा हुन्छ । मौरीले एक पटक टोकेपछि तिनले जीवनभर भुल्ने गर्दैनन् । हात्तीहरू समूहमा बस्ने जनावर हुन् । एकअर्काका अनुभव र खतरा तुरून्तै आदानप्रदान गर्छन् । त्यसैले समूहको कुनै एउटा हत्तीलाई मौरीले टोक्यो भने पनि बाँकी सबै हात्ती भाग्छन् । त्यसो त मौरीको आक्रमणबाट हात्ती मात्रै नभएर अरू जनावर पनि डराउने गर्छन् ।

त्यति मात्रै हो र ? मौरीको आवाजलाई रेकर्ड गराएर उनीहरूले हात्ती नजिक आएका बेला ठूलो स्वरले स्पिकरमार्फत बजाउँदा पनि हात्ती तर्सेर भागेको पाइयो । त्यसरी मौरी राख्नाले अन्य फाइदा पनि भए । मौरीको मह बेचेर आर्थिक मुनाफा हुने भयो भने हात्ती संरक्षणमा ठूलो उपलब्धि हुने भयो । त्यसैगरी हात्ती रोक्न भन्दै बनाइने महँगा पर्खालमा जाने रकम पनि जोगियो ।

उनीहरूले "अफ्रिकन बीज" भनिने मौरीका घार राखेका हुन् । मौरीका विभिन्न जात हुन्छन् । कुन मौरी बढी आक्रामक हुन्छ, छुट्याउने काम विशेषज्ञहरूको हो । त्यसो त नेपालमा पाइने मौरी उपयुक्त नभएमा केन्या वा बेलायतबाटै पनि यो मौरीको जात ल्याउन नसकिने होइन । किनभने केन्या र नेपालको तराई क्षेत्रको हावापानी मिल्छ । तर यस्तो कुरोमा कसले ध्यान दिने ?

जनावरको सङ्गीत

सङ्गीत कसलाई मन नपर्ला ? मान्छेहरू त सङ्गीतका पारखी हुने नै भए । चराहरू झन् विश्वमै नाम कमाएका गीतकारले भन्दा पनि मीठो गीत गाउँछन् । हाम्रा सङ्गीतकारलाई पछार्ने खाले सङ्गीत सिर्जना गर्छन् । जनावरहरूले पनि सङ्गीत सुनेर मक्ख पर्ने, आनन्द लिने गरेको वैज्ञानिकहरूले पत्ता लगाए । तर प्रश्न उठ्छ, के मानिसले जस्तै ठ्याक्कै सङ्गीत मन पराउँछन् त ?

मान्छेहरूमा कि त भ्रम छ, कि अज्ञान । त्यसैले सोच्छन्, आफूलाई जस्तो सङ्गीत मन पर्छ, जनावरले पनि त्यस्तै रूचाउँछन् । घरमा पालेका कुकुर, बिराला, गाई, भैंसी, भेडा, बाख्रा, कुखुराले सङ्गीत रूचाउँछन् । त्यसैले कतिपय मान्छेहरू खासगरी पश्चिमी समाजमा कतै जानुपर्दा आफूले सुन्ने गरेको सङ्गीत खोलेर छोडिदिन्छन् । आफूलाई शास्त्रीय सङ्गीत मनपऱ्यो भने शास्त्रीय सङ्गीत र रक सङ्गीत मन पऱ्यो भने जनावरले पनि त्यही मन पराउँछन् भनेर सोच्ने धेरै हुन्छन् । हुन त सङ्गीत मानव मन, मस्तिष्क र हृदयमा गड्ने वस्तु हो । तर त्यो जनावरमा पनि हुने रहेछ । वैज्ञानिकहरूको अनुसन्धानले बाँदरहरूले पनि मानिसले भन्दा भिन्न सङ्गीत सुनेर आनन्द लिने गरेको पत्ता लगाए ।

लाइभ साइन्स पत्रिकाअनुसार सङ्गीतको शक्ति जनावरमा पनि हुने रहेछ । तर स्नोडन, रक, शास्त्रीय सङ्गीतभन्दा जनावरले बढी बाजागाजा बजेको सङ्गीत मन पराउने गर्छन् । विन्स्कनसिन विश्वविद्यालयका जनावर मनोवैज्ञानिक तथा अनुसन्धाता मेडिसनका अनुसार ढोलक, मादल र त्यस्तै खाले बुड्डुमबुड्डुम, टुनुमुनुटुनुमुनु आवाज निकाल्ने सङ्गीतका साधानहरूको मिश्रित सङ्गीत जनावरले बढी रूचाउँछन् । विभिन्न खाले मादलका तालहरू एकैसाथ बजाएर निस्किने सङ्गीत सुन्दा जनावरलाई बढी आनन्द लाग्छ । वैज्ञानिकहरूको भाषामा विभिन्न जातका विशेष खाले सङ्गीतको मिश्रण जनावरको रूचिमा पर्छ ।

मान्छेलाई आफ्नो श्रवणक्षमता, स्वरको उतारचढाव, आफूले बुझ्ने र चिनिने स्वरका आधारमा सङ्गीत मनपर्छ । सङ्गीत उतारचढाव कि उच्च वा नीचका आधारमा ग्रहण गर्न सकिने वा नसकिने हुन्छ । एकदम उच्च गतिमा वा नीच गतिको र अति चर्को वा अति मन्द सङ्गीत दुवै ग्रहण गर्न सकिन्न ।

तर जनावरले भने हाम्रा कानका लागि मिल्ने, ग्रहणयोग्य सङ्गीत रूचाउँदैनन् । हाम्रो कानलाई सुहाउने सङ्गीत तिनका कानलाई सुहाउँदैन । अनुसन्धानहरूले के देखाएका छन् भने मानवका लागि उपयुक्त सङ्गीतमा जनावरको चाख हुन्न । बाँदरहरूलाई हामीले सुन्ने गरेको, रूचाउने गरेको भन्दा दोब्बर गुणा छिटो सङ्गीत मनपर्ने रहेछ । तिनले हामीले भन्दा चर्को स्वरको रूचाउँछन् । त्यसैले खासगरी अमेरिकी वैज्ञानिकहरू अहिले जनावरका लागि मिल्ने सङ्गीत सर्जनामा तल्लीन भएका छन् । केहीले म्युजिक फर क्याट्स भन्ने सङ्गीत बनाएर बिक्री गर्न पनि थालेका छन् ।

आफन्त मर्दा भावुक अन्त्येष्टि

मृत्यु भएका आफन्तमाथि सम्मान गर्नुपर्छ । मानिसले जस्तै हात्ती र चराहरूले पनि आफन्त मर्दा काजकिरिया गर्छन् भनेर विशेषज्ञहरूले व्याख्या गरेका छन् । उनीहरूले देखेको पनि त्यही हो । टेरेसा ग्लेसियाले आफ्ना केही साथीहरूसित वेस्टर्न स्रब जे भनिने चराहरूको अनुसन्धान गरेकी थिइन् । उनीहरूलाई त्यो प्रजातिका चराको मृत्यु हुँदा अन्यले गर्ने क्रियाकलाप देख्दा शङ्का लागेको थियो । त्यसैले अनुसन्धानमा लागे ।

उनीहरूले थाहा पाए, यो प्रजातिका कुनै चरा मऱ्यो भने परिवारका बाँकी सदस्य र साथीहरूले दुःखमनाउ गर्छन् । उडेर त्यसको मृत शरीरमाथि जान्छन् । नजिकै गएर हेर्ने रहेछन् । अन्य चराले झैं तिनले बेवास्ता गर्ने होइन । बरू समूहमै गएर मृत शरीरनजिकै बस्ने रहेछन् ।

त्यति मात्रै होइन, ती चराले आफन्तको मृत्यु हुँदा शरीरनजिकै बसेर बिलौना गीत गाउने रहेछन् । तिनले त्यस्तो बेला कर्कस स्वर निकाल्ने, निरस बोलीमा बोल्ने गर्दा रहेछन् । आफन्त मर्दा अरूलाई त्यसको जानकारी दिन छुट्टै दुःखको आवाज निकालेर टाढाटाढा भएका अरूलाई बोलाउने रहेछन् । यसलाई उनीहरूले हाप्सिलो देखेका बेला भिन्न आवाज निकालेझैं भनेर तुलना गर्न खोजेका छन् । वैज्ञानिकहरूले अन्यलाई बुझ्न सजिलो होस् भनेर त्यससित तुलना गरेका हुन् ।

कोकले चराहरूले गुँडबाट कौवा, सारौं, गौथली र भँगेराका बचेरा चोरीचोरी खाइदिन्छन् । त्यसैले धेरैलाई लाग्छ, यी चरा निर्दयी, कठोर हुन्छन् । तर यी चरामा कोमलताको अर्को पाटो पनि हुन्छ भन्नेचाहिँ धेरैलाई हेक्का हुन्न । गुँडबाट आफ्नो समूहको कुनै चरा भुइँमा खसेर म□ऱ्यो भने यिनले त्यसको सम्झनामा अन्त्येष्टि गर्छन् । मृत शरीरलाई तिनले घिसार्दै कतै लैजान्छन् । त्यसलाई घाँस बटुलेर छोपिदिन्छन् । त्यसको वरिपरि बसेर बिलौना गर्छन् । आफ्नो जातिको चराको अवशेष देखेपछि नजिकै जान्छन् । चुचोले मुसार्छन् । हात्तीहरूले पनि आफन्तको शरीरका अवशेषहरूलाई सुँडले छोएर सुँघ्छन् र पछि हट्छन् । काग र केही प्रजातिका ढुकुरले पनि यसै गर्ने गरेको वैज्ञानिकहरूले औंल्याएका छन् ।

"चराहरूले यसरी आफन्त मरेको देखेपछि त्यस ठाउँमा खतरा हुन सक्छ भनेर अरूलाई सतर्क गराउन पनि भिन्न तरिकाले आवाज निकाल्ने, अनौठो क्रियाकलाप गर्ने, टाढै रहन र त्यस वरिपरि नआउन सूचना दिन अनेक खाले आवाज निकाल्ने गर्छन् ।

आफ्नो साथी वा परिवारिक सदस्य कसरी मऱ्यो भन्ने बिरलै देख्ने हुँदा चराहरूले त्यस ठाउँमा खतरा छ भनेर बढी सतर्क गराउने गरेको बताउँछिन्, खोजमा संलग्न अनुसन्धानकर्मी टेरेसा ग्लेसियास । उनीहरूले के पनि पत्ता लगाए भने कुनै पनि चरा मरेको, घाइते भएको देखेपछि त्यस ठाउँमा कम्तीमा २४ घण्टा जति अन्य चरा चर्न नआउने रहेछन् ।

दक्षिण अफ्रीकी मुलुक केन्यामा भएको एउटा घटना आश्चर्यजनक छ । यसबाट हात्तीहरू आफन्तको मृत्युमा कति पीडित बन्छन्; माउ गुम्दा बच्चालाई कति चोट पर्ने रहेछ र आपत्मा परेकालाई कतिसम्म सहयोग गर्ने रहेछन् भन्ने देखाउँछ । पाकाहरूले बच्चालाई कति प्राथमिकता दिने रहेछन् र आफन्तको मृत्युको पीडामा कति शोक मनाउने रहेछन् भन्ने पनि देखाउने यो एउटा मार्मिक घटना हो ।

अफ्रिकी राष्ट्र केन्याको सम्बुरू राष्ट्रिय आरक्षमा एउटा पोथी हात्ती बिरामी पर्छे । दुःख, पीडा र दुःखाइले छटपटिएर भुइँमा ढलेकी एलेनर (सायद वन्यजन्तु विशेषज्ञहरूले राखेको नाम)लाई देखेर अर्की ढोई ग्रेसको मन छुन्छ । ग्रेसले एलेनरलाई सहयोग गर्छे । भुइँमा पीडाले छटपटाइरहेकी उसलाई ग्रेसले स्पर्श गर्छे । माया र सद्भावबाट मातृत्व देखाउँछे । उसले एलेनरलाई उठाउन सकिन्छ कि भनेर उसको शरीरलाई आफ्ना खुट्टाले पछाडि तान्छे । आफ्नो नातागोता र समूहबाहिरकै भए पनि हात्तीहरूले एकअर्कालाई यसरी सहयोग गर्छन् । आपत्विपत्मा पर्दा त्यसलाई टार्ने कोसिस गर्छन् । अर्काको दुःख, पीर, वेदना र छटपटीमा दुःखित हुन्छन् । रून्छन् र भक्कानिन्छन् ।

घाइतेका परिवार वा समूहले छोडेर आफ्नो बाटो लाग्छन् । बिरामी परेर थलिएको एलेनरको सहयोगमा ग्रेस जुटेको कुरा उसका अन्य साथीहरूलाई थाहा नभएको हुन सक्छ । किनकि ऊ बिरामी एलेनरलाई सहयोग गर्न बस्छे । ग्रेसले उसलाई आफ्नो दाहिने खुट्टाले भर दिएर उठाउन खोज्छे । एक घण्टासम्म त ग्रेस एलेनरकै साथमा हुन्छे । तर त्यति समयसम्म पनि एलेनर उठ्ने छाटकाँट नदेखेपछि ग्रेस पनि आफ्नो बाटो लाग्छे । एलेनरलाई साथ दिँदादिँदै ग्रेसका परिवार, साथी र समुदाय करिब एक घण्टा टाढा एउटा नदीमा पानी खान, नुहाउन, खेल्न र आराम गर्न पुगिसकेका हुन्छन् । हात्तीहरूले दिनभरि यात्रा गर्ने, चर्ने गर्छन् र राति भने कुनै दह, ताल, नदी वा कुवामा सुस्ताउने गर्छन् ।

ग्रेसले आफ्ना साथीहरू छोडीछोडी सहयोग गर्दा पनि एलेनरको भोलिपल्ट मृत्यु हुन्छ । त्यसको लगत्तै माई नाम गरेको अर्को हात्ती अलि अप्ठ्यारो मानीमानी एलेनरको मृत शरीरछेउ आइपुग्छे । उसले आफ्नो सुँड तनक्क तन्काउँछे । नाकको हावाले एलेनरको शरीरमा फुक्छे । नाकले उसको शरीरमा छोएर के भएको हो बुझ्न उसले एलेनरको शरीरमा छोएको सुँड आफ्नो मुखमा घुसार्छे । माईले आफ्ना खुट्टाले एलेनरको मृत शरीरमा स्पर्श गर्न थाल्छे । अर्को खुट्टा र सुँडले एलेनरको शरीरलाई अलिकति धकेलेर हेर्छे । देब्रे खुट्टा र सुँडले एलेनरको शरीरमा छोएर मृत शरीरमाथि

माई उभिइरहन्छे । यसै गरेर शरीरलाई करिब आठ मिनेट जति यता र उति हल्लाउँछे । उठिहाल्छे कि भन्ने उसलाई आशा हुन्छ ।

एलेनरको मृत शरीरछेउ उसको समूह र परिवारसँग असम्बन्धित अर्को हात्तीको बथान आइपुग्छ । त्यो अघिल्ला बेतमा एलेनरबाटै जन्मिएको छावा हुन्छ । एलेनरसँग एउटा ६ महिने छावा (बच्चा) पनि हुन्छ । त्यो समूहले एलेनरकै अघिल्लाअघिल्ला बेतका हुर्किसकेका छोरीहरूलाई परपर धकलेर त्यो सानो टुहुरो बच्चालाई आफ्नी मृत आमाको छेउ बस्न दिन्छन् । कहिलेकाहीँ प्रकृति पनि अति निष्ठुरी भइदिन्छ । ग्रेसको परिवार र समूहका अन्य सदस्यले हेरचाह र पालनपोषण गर्न खोज्दाखोज्दै पनि एलेनर मरेको तीन महिनापछि त्यो बच्चाको पनि मृत्यु हुन्छ । असल गुण भएका परिवारले एलेनरलाई मायाका साथै दुई दिनसम्म हेरचाह र मद्दत गरेका हुन्छन् । अन्य दुई हात्तीले पनि एलेनरको ढलेको शरीर हेरेर गएका हुन्छन् ।

बिरामी एलेनरको सुँड सुन्निएको थियो । खुट्टा र कान धसारिएका थिए । दाह्रा भाँच्चिएको थियो । (हात्तीहरूमा भाले र पोथी दुवैका दाह्रा हुन सक्छन् । कुनैकुनै पोथीका भने हुँदैनन् । पोथीहरूमा दाह्रा भए पनि भालेका भन्दा अलि छोटा र झिना हुन्छन्) । यो अवस्थामा देखिएको केही बेरपछि एलेनर ढलेकी हुन्छे । त्यसको लगत्तै ग्रेस पुग्छे । ग्रेसको पुच्छर ठाडो हुन्छ । आँखा र कानबीचका धमनी काँपिरहेका हुन्छन् ।

आफन्तको मृत्युमा हात्तीहरू दुःखी हुन्छन् । भक्कानिन्छन् । पिलपिल आँसु झारेरै रून्छन् । हरेक वर्ष त्यो बाटो ओहोरदोहोर गर्दा आफ्नो समूह, परिवारको सदस्य मरेको ठाउँ, कङ्कालमा गएर रूने, सम्झने गर्छन् । आफ्नो समूहको कुनै सदस्य मरेको ठाउँ वरिपरि गोलबद्ध हुन्छन् । समूहको नेतृत्वकर्ता पोथीले सबैलाई विलापका लागि निर्देशन दिन्छे । समूहका सबैले सुँड भुइँमा धसाएर श्रद्धाञ्जलि दिएझैं गर्छन् । दुःखी हुँदै ती आफ्नो बाटो लाग्छन् ।

नेतृत्व सिक्नुस् हात्तीबाट

हाम्रा नेता खराब भए । जनताको वास्ता गरेनन् । जनताका पीरमर्का हेरेनन्, बुझेनन् । त्यही कारणले जनतामा तीप्रति विश्वास भएन । आफ्ना लागि मात्रै सोचे । आम समूहका लागि ती प्रतिबद्ध भएनन् । हामी यही आरोप लगाउँछौं । अहिले यही गुनासा छन् । साँच्चीकै असल नेता कस्तो हुनुपर्छ ? हामीले जीवजन्तुबाट असल नेता कस्तो हुनुपर्छ भनेर सिक्न, देख्न र बुझ्न सक्छौं ।

सबैभन्दा अगाडि समूहकी पाकी, बलिई र अनुभवी पोथी हात्ती हुन्छे । उसले समूहको नेतृत्व गर्छे । समूहलाई नेतृत्व गर्न सक्ने क्षमताकै कारणले उसका पछाडि सयौं हात्ती लागेका हुन्छन् ।

हात्तीको नेता, मूली हुन सजिलो छैन । कर्मठ हुनुपर्छ । जुनसुकै चुनौतीबाट पनि पार लगाउँछु भनेर तिनले बथानका अगाडि प्रतिबद्धता जाहेर गर्नुपर्छ । त्यही विश्वास जित्न सके मात्रै समूहले मूलीको पुच्छर नै समातेर पछिपछि लाग्छन् । साथ दिन्छन् ।

असल नेताहरू लडाइँ मात्रै गर्दैनन् । अशक्त, बालबालिका, बच्चाबच्चीलाई पाका नेताले चारैतिरबाट सुरक्षा दिन्छन् । सुरक्षित अभिभावकत्वले मात्रै विश्वास जित्न सकिन्छ । सानाको ख्याल गरे नै भविष्यमा तिनको विश्वास जित्न सकिन्छ भन्ने हेक्का हात्तीमा हुन्छ ।

भाइ फुट्नु गँवारले लुट्नु हो । समूह तितरबितर भए वैरीहरू जाइलाग्न सक्छन् भन्ने उनीहरूलाई राम्रो हेक्का हुन्छ । त्यसैले उनीहरू समूहमा बस्छन् । सामूहिक नेतृत्व हात्तीको जीवनशैली हो ।

नेतृत्वकर्तामा हुने तिनै गुणहरूले गर्दा सबैको मन, विश्वास जितेको हुन्छ । यो हात्तीमा लागू हुन्छ । नेतृत्वकर्ता अग्र भागमा बसेर जे आदेश दिन्छ, बाँकी सदस्यले त्यसलाई तुरून्तै पालना गर्छन् ।

राजनीतिक दाउपेच, नेतृत्व हत्याउन, लुट्न, एक्लै खान, मोज गर्न अनेक षड्यन्त्र गरेर खाडलमा जाक्ने, छिर्की हान्ने हात्तीहरूले गर्दैनन् । बरू अप्ठ्यारोमा पर्दा सकेसम्म त्यसबाट बाहिर झिक्ने कोसिस गर्छन् । सहयोग गर्छन् । अनेक जोखिम मोलेर पनि उद्धार गर्ने कोसिस गर्छन् ।

सही नेतृत्व कहाँ सहज हुन्छ ? नेतृत्वकर्ताले अनेक समस्या, बाधा, कठिनाइ र चुनौती सहनुपर्छ । तर जसले राम्रो नेतृत्व दिन्छ, उसलाई गाह्रोसाह्रो पर्दा अनुयायीहरूले

ख्याल गर्छन् । माया दिन्छन् । गाह्रोसाह्रो बुझ्छन् । सहयोग माग्दा, जोखिम आइपर्दा ज्यान दिएर मुकाबिला गर्छन् ।

पाका, हुर्केका, जवान जान्नेबुझ्नेले मात्रै होइन, साना केटाकेटीले पनि असल नेतृत्वकर्ताको, अभिभावकको अभाव र सेवाको महसुस गर्छन् । त्यसैले ती बिरामी पर्दा साना केटाकेटीले पनि ख्याल गर्छन् । तिनका पीडा, दुःख, वेदना बुझ्न खोज्छन् । त्यसैले असल नेतृत्वकर्तालाई गाह्रोसाह्रो पर्दा अनुयायीको मन रून्छ । ती विलाप गर्छन् । रून्छन् । पिरोलिन्छन् । छटपटिन्छन् ।

काम लियो, लडायो, उचाल्यो, भिडायो, आश्वासन बाँड्यो, मरेपछि ढुङ्गाले पुऱ्यो । हिँड्यो, पद लियो, कुर्सी हत्यायो । आफ्नो बल, सामर्थ्य र शक्तिको स्रोतलाई भुल्यो । हात्तीमा यस्तो हुन्न । कोही मारियो भने बदला लिन्छन् । मरेमा काजकिरिया गर्छन् । सामूहिक अन्त्येष्टि गर्छन् । रून्छन्, वेदना पोख्छन् । हरेक वर्ष उसको अन्त्येष्टि स्थलमा गएर श्रद्धाञ्जलि दिने गर्छन् । बाँचुन्जेल स्मरण गर्छन् ।

आखिर रोएर, विलाप गरेर मात्रै त चल्दैन । बाँकी जीवितका लागि कठोर भएर सोच्नैपर्छ । बाँकीका निम्ति नेतृत्व गर्नैपर्छ । अभिभावकत्व दिनैपर्छ । त्यसैले जतिसुकै अप्ठ्यारो होस्, सजिलो होस्, त्यस्ता नेताले बाटो बिराउँदैनन् । सधैं सबै जोखिम लिएर नेतृत्व गर्छन् । फेरि आफ्नो बाटो समात्छन् । त्यही विश्वास जित्न सकेर नै यसरी अनुयायीहरू तिनको निरन्तर पछि लागिरहने हुन् ।

हात्तीहरूमा बथानको नेतृत्व सबैभन्दा पाकी ढोई (पोथी)ले गर्छे । उसलाई बथानका सबैजसो सदस्यका बारेमा ज्ञान हुन्छ । वनको बारेमा कहाँ के छ, के पाइन्छ, कस्ता शत्रु कस्तो क्षेत्रमा बस्छन् भन्ने जानकारी हुन्छ । कस्ता शत्रुहरूसित कसरी मुकाबिला गर्ने भन्ने जानकारी पनि तीसित हुन्छ । बथानको मूली हुन अन्यमा भन्दा विशेष खालको खुबी र चुनौतीपूर्ण अवस्थामा निर्णय लिन सक्ने क्षमता पनि हुनुपर्छ ।

विमान जत्रा भारी बोक्ने कृषक

मानिस मात्रै होइन । धेरै जीवमा कृषक हुन्छन् । हाम्रा खेतबारी, उकालीओराली र खोंचमा कसरी मिहिनेत गरेर कृषकहरू काम गर्छन् ? कीरा जगत्का कृषक पनि त्यसैगरी काम गर्छन् । हाम्रा भरिया दाजुभाइ कसरी नाम्लो थाप्लामा राखेर चुइँचुइँ आवाज आउने गरी भारी बोक्छन् ? त्यसैगरी कीरा पनि गह्रौं भारी बोक्छन् । कीरा जगत्का कृषक भनेर कमिला चिनिन्छन् । यिनले यति गह्रौं भारी बोक्छन् कि त्यसको अनुपातमा मानिसले भारी बोक्ने हो भने सिङ्गो विमान नै ढाडमा बोकेर ठमठम हिँड्नुपर्छ ।

अझ अचम्म, लिफ कटर आन्ट्स भनिने कमिलाले जमिनमुनि कृषि फार्म नै बनाएका हुन्छन् । त्यहीँ गोडमेल गर्छन् । त्यहीँ ढुसी र मसिना च्याउ, झ्याउ (फङ्गस) फार्म बनाउँछन् । त्यही फङ्गस फार्ममा आफ्ना लागि अन्य खेती पनि गर्छन् । हामीले गाढा, ट्याक्टर र डोकोमा मल, स्याउला बोकेर लगेझैं यिनले पनि सयौं मिटर टाढादेखि रूखैमा चढेर, त्यसलाई बोकेर फङ्गस फार्ममा ओछ्याउन पात काट्छन् । आफूभन्दा ५० गुणा गह्रौं पात बोक्छन् । त्यसलाई तुलना गर्ने हो भने हामी मानिसले मध्यम आकारको भ्यान गाडी नै बोक्नुपर्छ ।

ती पात ल्याउनुको कारण नै मसिना च्याउ र झ्याउ उमार्नका लागि हो । त्यसरी यिनले आफ्नो समूहका सबैलाई खान पुग्ने गरी उत्पादन गर्छन् । यस्तो समुदायमा लाखौं कमिला हुन्छन् ।

आफ्नो समुदायको सुरक्षा गर्न यिनमा केही कमिला सैनिकका रूपमा रहेका हुन्छन् । यिनको काम ज्यान दिएर आफ्नो समुदायको रक्षा गर्ने हो । कमिला समुदायको नेतृत्व गर्ने एउटी रानी हुन्छे । यी सैनिकले जुनसुकै मूल्य चुकाएर भए पनि उसको रक्षा गर्छन् । रानीलाई खतरा आइपर्दा अरू कमिला पनि गुरूप्प भेला भएर छेक्छन् । मुकाबिला गर्छन् ।

कमिलाको अर्को रोचक पक्ष पनि छ । हामीले यिनको ट्राफिक नियन्त्रण गर्ने तरिका सिक्ने हो भने गज्जब उपयोगी हुने रहेछ । यिनको ट्राफिक नियन्त्रण गर्ने तरिका व्यवस्थित छ । जब आहारा धेरै भेटिन्छ, तब तिनलाई छिटो ओसारेर कमिलाले आफ्नो

घरमा थन्क्याउनुपर्छ । धेरै आहारा ओसार्ने कमिलाको सङ्ख्या पनि धेरै नै हुनुपर्‍यो । यस्तो अवस्थामा आहाराले गर्दा बाटो जाम नहोस् भनेर कमिलाहरूले आहारा ओसार्ने कमिलाको सङ्ख्या बढाउँछन् । छिटो ओसार्न आफ्नो हिँडाइलाई पनि तीव्र पार्छन् ।

गाडीको सङ्ख्या सडकमा धेरै भयो भने मानिसले गाडीको गति घटाउँछन् । तर कमिलाहरूले भने आहारा ओसार्नेको सङ्ख्या आफ्नो बाटोमा धेरै हुँदा गति बढाउँछन् । छिटो बोकेर छिटोछिटो घरभित्र हुल्छन् ।

द *नेचर अफ साइन्स* जर्नलमा प्रकाशित रिपोर्टका अनुसार विशेषज्ञहरूले कमिलाको ट्राफिक नियम बुझ्न कोसिस गरेका थिए । कमिला हिँड्ने मार्गमा आहारा लगेर छोडिदिए । त्यो आहारा देखेपछि कमिलाहरूले तत्कालै आहारा ओसार्नेको सङ्ख्या बढाए । त्यो ओसार्न धेरै कमिला हुने भएकाले ढिलो दगुर्दा ट्राफिक जाम होला भनेर आफ्नो सामान्य गतिमा ५० प्रतिशतका दरले बढाएर बोक्न थाले । यसको अर्थ सामान्य अवस्थामा कमिलाको घनत्व दोब्बर बढ्यो ।

जब कमिलाको मार्गमा आहाराको मात्रा बढ्छ, तब कमिलाको गुँडबाट थप कमिलाहरू आहारा ओसार्न पठाइन्छन् । कमिलाको घनत्व बढ्दा गुँडबाट बाहिर निस्कने र बाहिरबाट गुँडमा भित्रिने कमिलाको सङ्ख्या पनि बढ्छ । यस्तो अवस्थामा कमिलाले के गर्दा रहेछन् त ? विशेषज्ञहरूका अनुसार भित्र जाने र बाहिर निस्कनेले ट्राफिक अवस्थाको जानकारी साटासाट गर्दा रहेछन् । त्यसरी जानकारी लिएर आफ्नो हिँडाइ, प्रतिक्रिया र काम गर्ने शैली ठ्याक्कै बदल्दा रहेछन् । अर्थात् ट्राफिकको अवस्थाअनुसार कामको शैली ढाल्दा रहेछन् ।

रहेछन् । त्यसरी जानकारी लिएर आफ्नो हिँडाइ, प्रतिक्रिया र काम गर्ने शैली ठ्याक्कै बदल्दा रहेछन् । अर्थात् ट्राफिकको अवस्थाअनुसार कामको शैली ढाल्दा रहेछन् । विशेषज्ञहरूले यो अनुसन्धान ब्ल्याक मेडो आन्ट भन्ने कमिलामा गरेका थिए । अनुसन्धानका क्रममा एक हजार आठ सय ६५ ओटा कमिलाको भिडियो खिचेर लिइएको थियो । करिब १५ सेमिको फरकमा भिडियो खिचिएको थियो । धेरै सामान बोक्नुनपर्ने, सामान्य अवस्थामा भने कमिलाहरूले बीचको बाटोबाट हिँड्न रूचाए । ट्राफिक अवस्थाको जानकारी दिने बेलाचाहिँ तिनले एकअर्काबीच एन्टेना छुवाउने, न्याल निकालेर मुखमा दल्ने गरेको पाइयो ।

कमिलाको सङ्ख्या बढ्दा र मार्गमा धेरै भेट हुँदा पनि अचम्म के भने यिनको ट्राफिकको अवस्था भने सामान्य नै रह्यो । बढेको देखिएन । "कमिलाको घनत्व सबैभन्दा उच्च भएको अवस्थामा पनि ट्राफिक जाम भएन । उनीहरूले सङ्ख्या बढ्दा आफैंले ट्राफिकको अवस्था नियन्त्रण गर्दा रहेछन्" अनुसन्धानमा संलग्न विशेषज्ञ क्रिस्चियन ओनिकले भनेका छन् ।

बाघ आफैंमा आक्रामक होइन

नेपालमा २०५९ देखि २०६२ सालमा ३२ बाघ मारिएका थिए । यीमध्ये पाँच नरभक्षी थिए । बाघ मारिनुको कारण खासगरी नरभक्षी भएकाले भनिन्छ । तर, उल्लिखित तथ्याङ्क पनि शङ्कारहित भने छैन । किनकि मान्छे मार्ने सबैलाई नरभक्षी भन्न मिल्दैन । एक पटक मान्छे मार्दैमा ती नरभक्षी नै हुन्छन् भन्ने पनि छैन । विश्वव्यापी तथ्याङ्कलाई हेर्दा सयमा तीन बाघ मात्र नरभक्षी हुन्छन् । किन त ?

हरेक दिन सयौं मानिस जङ्गल पस्छन् । तीमध्ये अधिकांशलाई कुनै कुशलता र मिहिनेतबिनै मार्न सक्ने क्षमता हुँदाहुँदै पनि थोरै बाघ मात्र नरभक्षी हुन्छन् । बाघ सकेसम्म मानिसबाट तर्किएर लुकीलुकी हिँड्छ । बाघको उपस्थिति भएका एसियाका १४ वटै क्षेत्रमा तिनले मानिसलाई आफ्नो मुख्य आहाराबाट बाहिरै राख्छन् । राष्ट्रिय निकुञ्जमा वन्यजन्तु संरक्षण विभागकै तथ्याङ्क हेर्दा पनि थोरै मात्र बाघ नरभक्षी भएको पाइन्छ । विभागको तथ्याङ्कअनुसार निकुञ्ज र सामुदायिक वनभित्र बितेका २५ वर्षमा बाघले ७९ व्यक्ति मार्‍यो ।

मानिस ऊभन्दा हतियारले बढी सुसज्जित छ भन्ने उसलाई पक्कै ज्ञान हुन्न । मान्छे मारेमा खोजीखोजी बाघको वंश नै नाश गर्लान् भन्ने डर पनि त उसलाई नहोला । न त भोक लागेका बेला मानिसको वासना सुँघ्नासाथ भोक हराउनाले नै हो । बरू बाघको जिनमा मानव आनुवंशिकी फरक भएको बोध हुन सक्छ । वन्यजन्तु विशेषज्ञहरू खासमा त बाघ मानिससँग डराउनुमा तत्काल कसरी भेट्छ र देख्छ भन्नेमा भर पर्छ भन्छन् ।

उदाहरण मानिस चढेको गाडीलाई लिन सकिन्छ । यदि कुनै मानिस गाडीभित्र छ भने बाघले गाडीभित्रको फुच्चे मानिसलाई अलग गराएर हेर्दैन । उसले समुच्चमा एउटा सिङ्गो गाडीलाई हेर्छ । त्यस्तै, हात्तीमाथि चढेको मानिस र हात्तीलाई अलगअलग नदेखेर एउटै जनावरका रूपमा हेर्छ । अर्थात् हात्ती र कारमा रहेका मानिस उसका लागि तिनै एक अङ्गसरह हुन् । कार आफ्नो आहारामा नपर्ने र यी दुवै विशाल पनि हुनाले यी दुवैलाई हत्तपत्त आक्रमण गर्दैन ।

उसले कुनै रोग लागेर, घाइते भएर दौडिन नसक्ने भएमा जनावर लखेट्न सक्दैन । बाघ बूढो हुँदै जाँदा मासु लुछ्ने दाह्रा (क्यानन टिथ) खिइने, भाँचिने वा फुक्लने गर्छन् । दाह्रा नभएका बाघलाई सिकार गर्न कठिन पर्छ । यस्ता कमजोर र बूढा बाघ बलिया बाघबाट बच्न पनि बस्तीनजिकका जङ्गलतिर आउँछन् । किनकि

सक्षम बाघहरू प्रायः घना जङ्गलतिरै बस्छन् । बस्ती वरिपरि आउने यस्तै बाघले नै बस्ती वरिपरिका जीवलाई आक्रमण गर्छन् ।

ऋतुकालमा पोथी उपयुक्त अवस्थामा देखापरेपछि भालेहरूले पोथी भेट्न आफ्नो सिमाना काट्न थाल्छन् । यो बेला भालेहरूबीच झगडा हुन्छ । २५ प्रतिशत भाले त यौनक्रियाका प्रतिस्पर्धामा मारिने हुनाले यस्ता झगडा गरेका भाले धेरै आक्रामक हुन्छन् । खासगरी लडाइँमा हारेका बाघले रिसको झोकमा वरिपरि जे देखापर्छ, त्यसैमाथि जाइलाग्छन् । उता पोथी ओगटेर बसेका भाले समागममै व्यस्त हुन्छन् । हप्तौंदेखि थाकेर र भोकाएर बसेका यस्ता बाघले सजिलै मार्न सकिने जीवमाथि आक्रमण गर्छन् ।

डमरू १६ महिनाको पुगेपछि मात्रै उसका मासु लुट्ने बङ्गाराको विकास हुन्छ । यो बङ्गारा विकास नभएसम्म पूर्ण रूपमा माउमा भर पर्छ । कुनै कारणवश आमा मर्ने, चोटपटक वा रोग लागेर सिकार गर्न नसक्ने अवस्थामा ती डमरूले सजिलो सिकारको खोजी गर्छन् । बस्तीनजिकको जङ्गलमा बसेर मानिस, घरपालुवा जनावर र घाइते जीव कुर्न थाल्छन् । जङ्गली जनावर जति छिटो दौडेर भाग्न नसक्ने हुनाले पनि मानिसमाथि आक्रमण गर्न सजिलो हुन्छ ।

सबैभन्दा खतरनाक त डमरूसहितका बघिनी मानिन्छन् । आफ्ना डमरूको सुरक्षाका लागि जोसुकैमाथि पनि जाइलाग्ने हुनाले यस्ता बघिनीको नजिक परे बच्चा मार्न आएको ठानेर तुरून्तै आक्रमण गर्छन् । यस्ता बघिनी नरभक्षी भएमा त झन् दीर्घकालीन खतरा रहन्छ । किनकि यिनले आफ्ना डमरूलाई समेत मानव सिकार गर्न सिकाउन थाल्छन् ।

भारतका बाघसम्बन्धी बेलायती लेखक स्टेफन मिल्सका अनुसार बाघले एउटा पैदलयात्री जङ्गलमा देख्नु भनेको प्रायः देख्ने गरेको भन्दा फरक खाले आश्चर्यको विषय हो । किनकि एउटा मानिसको औसत उचाइ एक मिटर ६० सेमि हुन्छ । तर बाघ एक मिटरभन्दा होचो हुन्छ र लम्बाइ भने तीन मिटरसम्म हुन्छ । त्यसैले जब बाघले मानिसको उचाइ देख्छ, तब उसले मानिसको लम्बाइ ६ मिटरसम्म र ६ मिटर लामो (लमतन्न परेको) विशाल जीव हो भन्ने आकलन गर्छ । त्यसैले ऊ मानिसलाई आफूभन्दा शक्तिशाली र आश्चर्यको विषय ठानेर डराउँछ । सजिलै मुकाबिला गर्न सक्छु भन्ने पक्का नभएसम्म एउटा दक्ष सिकारी हत्तपत्त जाइलाग्दैन । बाघ जङ्गलको दक्ष सिकारी हो । त्यसैले उसले आपत्कालीन अवस्थाबाहेक हतारिएर आक्रमण गर्दैन ।

अगाडिबाट देखिने मानिसको आकृति बाघका लागि पछाडिका खुट्टाले मात्रै टेकेर अगाडिका खुट्टा उचाली ढाड उभ्याएको भालु वा खरायो जस्तै हो । उभिँदा आफूभन्दा धेरै अग्लो देखिने यस्तो जीवलाई आक्रमण गर्नु बाघले जोखिमपूर्ण ठान्छ । तर सधैं भने यो नियम लागू हुँदैन । किनकि जङ्गलमा घाँसदाउरा काट्न निहुरिएका बेला बाघले आक्रमण गरेका घटना प्रशस्तै छन् ।

बाघले गरेका आक्रमणमध्ये पनि अधिकांश पछाडिबाट हुने गरेका छन् । मानिस निहुरिएका बेला र पछाडिबाट देख्दा लमतन्न छैन भन्ने थाहा पाउँछ । आफू र आफूले

देख्ने गरेका जनावर जस्तै लमतन्न छ भन्ने भ्रम मेटिने हुनाले यस्तो बेला उसले आक्रमण गर्छ । तथ्याङ्क नै त फेला पर्दैन । तर बाघको आक्रमणबाट बचेका घटनामध्ये अधिकांश अगाडिबाट आक्रमण गर्दाको अवस्थाकै बढी भेटिएका छन् ।

त्यसो त बाघले मानिस मार्नुका अन्य कारण पनि छन् । भारतको सुन्दरवन क्षेत्रमा हरेक वर्ष ४० देखि एक सय व्यक्ति बाघबाट मारिन्छन् । यहाँ यस्तै बघिनीले आफ्ना बच्चालाई मानव सिकार गर्न सिकाएकाले यति धेरै मानिस मारिने गरेको विश्वास वैज्ञानिकहरूले गर्दै आएका छन् । तर यसको पुष्टि हुन बाँकी छ ।

अनेक प्रयत्न गरेर समात्नै आँटेको सिकार फुत्किएको अवस्थामा बाघ निकै खतरा मानिन्छ । सिकार फुत्किएका बेलाको बाघ पाइला ढिलो चालेर मर्म देखाउने गरेको अवलोकन गरिएको छ । सुकेका झारपात खुट्टाले लतार्ने, गोरेटोका लहरामाथि पनि जाइलाग्ने गरेको पाइएको छ । यस्तो अवस्थाका बाघ त अवश्यै खतरा हुन्छन् । वरिपरि बाँदरको समूह बेस्सरी कराउन थालेपछि पनि बाघ रिसाएर आक्रामक बन्छ ।

त्यसो त बाघ नरभक्षी हुनुको कारण मानिसको रगत नुनिलो र मासु कमलो हुनाले पनि हो । त्यसैले एक पटक मानवमांसको स्वाद लिएका बाघ पल्किने सम्भावना बढी हुन्छ । कमलो मासु चपाउन सजिलो हुनाले पनि प्रायः आक्रमण गर्छ । नुनिलो स्वादबाट बाघ पल्किन्छ भन्ने तथ्य सुन्दरवन क्षेत्रका बाघको प्रारम्भिक अध्ययनबाट पनि देखिएको छ । यो क्षेत्रको पानी नुनिलो छ । यही नुनिलो पानी पिउनाले यहाँका मानिसको शरीर नुनिलो बनाएको छ, जसले गर्दा मानव सिकारप्रति यहाँका बाघ बढी आकर्षित भएको मानिन्छ ।

हुन त यस्ता बाघबाट बच्ने उपाय नभएका पनि होइनन् । बाघको वासस्थानमा गएर दखल नपुऱ्याउनु नै बाघबाट बच्ने सर्वोत्तम उपाय हो । बाघको आवाज सुनिएमा अर्के दिशातिर लाग्नु, बाघ हिँडेको बाटो छल्नु, नजिस्क्याउनु, बाघ देखेपछि रूख चढ्नु, ठिङ्ग उभिएर समूहमै रहनु उपयुक्त मानिन्छ । बाघले प्रायः पछाडिबाट आक्रमण गर्नाले पछाडितिर अनुहार फर्किएको मुकुन्डो लगाएमा पछाडिबाट हेर्दा पनि बाघलाई अगाडिबाटै देखेको भ्रम पर्नाले आक्रमणको सम्भावना कम हुन्छ । यो विधि अपनाउन थालेपछि सुन्दरवन क्षेत्रमा बाघको आक्रमणमा कमी भएको पाइएको छ ।

मानिस निराश, जनावर रोगी

हरेकलाई निरोगी रहेर धेरै बाँच्न मन हुन्छ । वैज्ञानिकहरूले त्यसरी बाँच्न सकिने केही आधार र अक्कलहरू सुझाएका छन् । त्यसका लागि कुनै कष्ट पर्दैन । झन् मज्जा हुन्छ । रमाइलो लाग्छ । खर्चिलो पनि छैन । आफैंले अलिकति कोसिस गरे, आफैंलाई अलिकति नियन्त्रण गरिदिए स्वस्थसित लामो आयु बाँच्न सकिन्छ । लागेका रोग पनि छिटो सन्चो हुन्छन् । आफूभित्रको बेखुसी, आक्रामक स्वभाव, नैराश्य, नकारात्मक सोच, रिस र आवेग जस्ता भावनालाई नियन्त्रण गरिदिए पुग्छ ।

वैज्ञानिकहरूको भनाइ छ– बेखुसी रहने मान्छेको तुलनामा खुसी रहने मान्छेको एउटा ठूलो फाइदा छ । जीवनमा सायद ती बढी स्वस्थ र तिनको आयु पनि लामो हुन्छ । अमेरिकी वैज्ञानिकहरूले हालसालै गरेको अनुसन्धानबाट के पत्ता लाग्यो भने सन्तुष्टि, आशावादी, सकारात्मक उत्तेजनाले बढी स्वस्थ राख्नुका साथै आयु लम्ब्याउने रहेछ ।

हालसम्म भएका करिब एक सय ६० ओटा अध्ययनलाई हेर्दा सकारात्मक सोचले स्वास्थ्य र दीर्घ आयुलाई सहयोग गर्ने रहेछ । मान्छेको मानसिकता र उत्तेजना, मानसिकताको सम्बन्ध उच्च रक्तचाप, कोर्टिसोललगायतका तत्त्वसित सम्बन्धित हुने रहेछ । अध्ययनहरूले के देखाए भने निराशा र नकारात्मक सोचले उच्च रक्तचाप बढाउने गर्छ । रिस, आवेग र आक्रामक बानीव्यवहारले मुटुसम्बन्धी समस्या त निम्त्याउँछ नै, त्यस्ता रोगहरूलाई अझ फैलाउने काम पनि गर्छ । नैराश्यले रोग निरोधक क्षमतालाई कम गराउँछ । निराश हुनेहरू रोगसँग लड्न कम सक्षम हुन्छन् ।

त्यस्तै, सकारात्मक प्रभावले रोग निरोधक क्षमता बढाउँछ । सकारात्मक प्रभाव हुने व्यक्तिले समाजमा छिटो विश्वास जित्न सक्छ । सामाजिक काममा बढी सफल हुन्छ । सामाजमा धेरै सम्बन्ध बढाउन सक्छ । स्वस्थ ढङ्गले काम फत्ते गर्छ ।

वैज्ञानिकहरूले के पत्ता लगाए भने सकारात्मक सोच हुनेहरूलाई यदि मुटुसम्बन्धी रोग छ भने छिटो सन्चो हुन्छ । शान्त तरिकाले प्रस्तुत हुनेहरूको तुलनामा आक्रामक तरिकाले प्रस्तुत हुनेहरूको घाउ पनि ढिलो सन्चो हुने रहेछ । क्यान्सरका कोषहरू पनि आक्रामक मानिसमा छिटो फैलिने रहेछन् ।

त्यति मात्रै हो र ? यदि घरको मानिसमा नैराश्य छ भने त्यसले घरमा पालेका जनावरलाई पनि असर गर्ने रहेछ । नैराश्य र एक्लोपनले गाँजेका मान्छेको घरमा यदि बाँदर, कुखुरा र सुँगुर छन् भने तिनको रोग निरोधक क्षमतालाई पनि कम गर्ने रहेछन् । कुनै रोग लाग्यो भने त्यस्तो मानिसले पालेका जनावरलाई ढिलो सन्चो हुन्छ । बढी रोगी हुन्छन् ।

जनावर पनि साथी बनाउँछन्

प्रणय दिवस आएपछि मानिसहरू कार्ड पठाउँछन् । ती कार्डमार्फत कतिले आफ्ना लुकेका भावना व्यक्त गर्छन् । सामुन्ने खोल्न नसकिएका प्रेमका भावना खोल्छन् । प्रेम हुर्किनुपर्छ भन्ने मात्रै छैन, त्यसले मित्रता र पारिवारिक सम्बन्ध, सद्भावलाई दीर्घकालीन बनाउँछ । अझ कसिलो पार्छ । यादहरूलाई ताजा बनाइदिन्छ । यस्तो मित्रता त हामी मानिसले मात्रै होइन, जीवजन्तुले पनि गाँस्छन् भन्ने तथ्य वैज्ञानिकहरूले पत्ता लगाएका छन् ।

हात्ती, सोस, चमेरा, विकासे हाँस (गिज, स्वान), हुँडार, बाह्रसिँगे, चित्तल, मृग केही मांसाहारी जन्तु र चिम्पान्जीलगायत केही बाँदरका प्रजातिमा त्यो चाहना हुन्छ । तिनले दीर्घकालीन मित्रता कायम गर्छन् । नयाँ साथी खोज्छन् ।

बेच्स्टेन भनिने चमेरोका पोथीहरू प्रायः निश्चित साथीहरूसित रूखमा झुन्डिन रूचाउँछन् । ती समूहमा बस्छन् । तर मन पराएका साथी खोज्छन् । हरेक दिनको गन्जागोल, बेथितिका अलावा तिनले दीर्घकालीन मित्रता कायम गर्न सक्षम हुन्छन् ।

हामी मानिसले दिनभरि वा हप्ताभरि एउटै मानिस, उही साथी र समूहसित काम गर्ने, खेल्ने गर्दैनौं । सँगै बस्दैनौं । तैपनि हाम्रो दैनिक अस्तव्यस्तता, भद्रगोल अवस्था र चलायमान सामाजिक जीवनमा हाम्रा साथी र परिवारसित दीर्घकालीन नाता कायम गर्न सक्षम हुन्छौं । त्यस्तै ती चमेराका पोथीहरूले पनि समूहमा अरू चमेरासित अलि खुला सम्बन्ध राख्छन् ।

यो जातिमा भाले चमेरा सामाजिक खालका हुन्छन् । सामूहिक रूपमा अर्को पटक यहाँ बस्ने समूहमा भनेर अति खुला तरिकाले निर्णय गर्छन् । तर पोथीहरू भने सँगै गुँडमा बस्छन् । रूखका साना टोड्का, प्वाल वा बाक्सामा बस्छन् । केही वर्षसम्म निश्चित साथीहरू सँगै बस्न रूचाउँछन् ।

ती सँगै बस्ने मात्रै होइन, आहाराका लागि यात्रा गर्दा अलगअलग चमेराले थरीथरीका बस्ने ठाउँ देखेका हुन्छन् । एकअर्काले देखेका बस्ने सामूहिक थलोका बारेमा उत्तम थलो कुनचाहिँ हो भनेर निर्णय गर्न एकअर्काका अनुभव साटासाट गर्छन् । अब कता बस्ने (रूस्टिङ) भनेर लचकदार भएर सामूहिक निर्णय गर्छन् । ती एकअर्कालाई न्यानो बनाउनका लागि टाँसिएर बस्छन् । नेपालमा पाइने चमेराहरू झुन्डझुन्ड देखिनुका

केही कारणमध्ये यो पनि हो । समूहमा बस्दा शत्रुको त्रासबाट बच्न सहज हुनु अर्को कारण हो ।

पोथी चमेराले शरीरको आकार, उमेर, प्रजनन क्षमता र निकटता हेरेर साथी बनाउन, साथ दिन, नजिकिन थाल्छन् । अलि बूढा पोथीले चाहिँ उपसमूहसित समेत साथीको सम्बन्ध राख्छन् ।

मानिसले आफू बसेको भन्दा अन्य क्षेत्रका मानिससित साथी बनाए जस्तै चमेराले पनि अन्य ठाउँका, अरू नै समूहका चमेरासित पनि साथी बनाउँछन् । ती चमेराका पनि मानिसका जस्तै साथीहरू भत्किन्छन् । टाढिन्छन्, फेरि बन्छन् । जसलाई अङ्ग्रेजीमा फिसन फ्युजन फेनोमेना भनिन्छ ।

यो फिसन फ्युजन र दीर्घकालीन मित्रता हात्ती, सोस, चिम्पान्जीलगायत अन्य जीवजन्तु र मानिसमा पनि हुन्छ । पोथी चमेराहरूले कहिलेकाहीँ सुँढेनी वा सुसारे (मिडवाइफ)को भूमिका पनि खेल्छन् । एउटा अभिलेख गरिएको कस्तो घटना छ भने अमेरिकाको फ्लोरिडा राज्यमा एउटा गर्भिणी चमेरालाई फ्रुट ब्याट भनिने अर्को जातको पोथी साथ लागेकी थिई । बच्चा पाउने बेलामा सहयोगी पोथीले गर्भवतीको शरीरमा टाँसिएर न्यानो दिने, अङ्कमाल गर्ने गरेकी थिई । बच्चा जन्मिएपछि तीसित टाँसिने गरी सहयोग गरेकी र अर्की तेस्रो पोथी भएर सुत्केरी पोथीलाई पखेटाले हम्किएका थिए ।

हुँडारहरू पनि उसै गरी साथी बनाउँछन् । ती आफ्नो समूह खोज्छन् । एकलाई आपत् पर्दा अरू धुरिएर सहयोग गर्छन् । हुँडारहरूले आफ्नो समूह र अर्काको समूहको आवाज पनि चिन्छन् । सहयोग चाहिँदा त्यही आवाज निश्चित गरेर सहयोग दिने वा टाढिने गर्छन् ।

मित्रता बढाउने हात्तीको झन् अचम्मको बानी हुन्छ । ती समूहबिना हत्तपत्त बस्दैनन् । समूहमा निर्णय गर्छन् । समूहको मुख्य निर्णायक सबैभन्दा अनुभवी पोथी हुन्छे । उसलाई सबैले सहयोग गर्छन् । साथ दिन्छन् । कुनै बिरामी भए हेरचाह गर्छन् । टाढाटाढासम्म पुगेर आहारा खोजेर ल्याइदिन्छन् । सन्चो नभएसम्म कुरेर बस्छन् । मरिहालेमा त्यहीँ काजकिरियासमेत गर्छन् । हड्डी निस्किने बेलासम्म कुरेर त्यो हड्डी सुँडले बेरेर टाढासम्म लैजान्छन् । मृतक मित्र सम्झेर रून्े, विलाप गर्ने गर्छन् । समूहको साथीमध्ये कोही कतै खाडलमा फसे, आपत् परे ज्यान दिएर सहयोग गर्छन् । अरू वरिपरिका साथी मिलेर सामूहिक रूपले प्रतिकार गर्छन् ।

विकासे हाँस (गिज)हरू पनि साथी बनाउने गर्छन् । समूहमा उड्छन् । कुनै बिरामी परेमा अरू केही बलिया, सक्षम साथीहरूले ओरालेर आराम गराउँछन् । खुवाउँछन् । उड्दै गर्दा कुनै कठिनाइ परे पखेटाको भरसम्म दिने गर्छन् । बिरामी साथीलाई सुरक्षित ठाउँमा ओरालेर हेरचाह गर्छन् ।

मान्छेले जस्तै साथी बनाउने हात्तीको मगज ठूलो हुन्छ । तर चमेराको भने बदामको दाना जत्रो मात्रै हुन्छ । तैपनि यिनले मानिस र हात्तीले झैं दीर्घकालसम्म

साथी बनाउन सक्छन् । यसले के प्रमाणित गर्छ भने मगज ठूलो हुने जीवहरू उच्च चलायमान हुनैपर्छ, ठूलो र विशाल हुनैपर्छ भन्ने छैन ।

मानिसले ठूलो मगजको विकास गरेका छन्, आधिपत्य, प्रभुत्व जमाउने जाति हुनका लागि भन्ने यसअघिका खोजलाई यसले चुनौती दिएको छ । केही मानवशास्त्रीले के तर्क गरेका थिए भने परिवर्तित सामाजिक ढाँचाअनुसार सम्बन्धलाई स्थापित गर्न मानिसको मगज ठूलो हुन्छ । यसले के शङ्का गर्ने ठाउँ दिन्छ भने त्यो मात्रै कारण नभएर अरू पनि हुन सक्छन् । बरू ठूलो मगजका हामी मानिसले भन्दा सानो मगजका चमेराले हामीले भन्दा अझ राम्रोसित मित्रता र सम्बन्ध कायम गर्न सक्छन् ।

चमेरा २० ओटाभन्दा बढी सङ्ख्याको समूहमा बसेर पनि छिटो र अझ उत्तम निर्णय गर्छन् । सामाजिक सम्बन्ध कायम राखेर पनि सामाजिक जोडी मिश्रित हुँदै त्यस्तो निर्णय गर्न सक्नु मानिसको भन्दा बढी क्षमता हो । एउटा सभा वा सम्मेलनमा एकछिनअघि कसले के भनेको थियो भन्ने ख्याल हामीलाई राम्रोसित हुन्न । तिनको नाम पनि थाहा हुन्न । तर सामाजिक समूह बदलिरहेर पनि चमेराले फरकफरक समूह चिन्छन् । मित्रहरू पहिचान गर्छन् । त्यहीअनुसार सम्बन्ध कायम गर्छन् । नयाँ साथी बनाउँछन् ।

कुरा सुन्नू बूढाको

नेपाली काङ्ग्रेस सभापति सुशील कोइराला उमेरले सत्तरी नाघ्दा पनि प्रधानमन्त्री बनेर देशकै नेतृत्व लिए । त्यस्तै गिरिजाप्रसाद कोइराला त झन् भइहाले । नेकपाका नेता केपी ओली, पुष्पकमल दाहाल, माधव नेपाल र झलनाथ खनालले नेतृत्वकै हानथापमा धेरै समय खर्चिए । नेपाल मजदुर किसान पार्टीदेखि अधिकांश मधेसी दलका नेता पनि बुढ्यौली लागेकै छन् । तैपनि नेतृत्व छोड्न चाहँदैनन् । उमेरअनुसार अनुभव बढ्दै जाँदा नेतृत्व सम्हाल्ने यो लोभ, पद्धति जनावरमा पनि उस्तै रहेछ ।

तर जीवजन्तुमा पाकाहरूले नेतृत्व सम्हाले पनि मानिसमा भन्दा अलि फरक छ । हाम्रा नेताहरूले पार्टी र देशलाई सही दिशा दिन नसके पनि नेतृत्व भने छोड्दैनन् । जनावरमा भने सक्षमले मात्रै नेतृत्व लिन्छन् । बाँदर, हात्ती, ह्वेल माछामा गरिएको अनुसन्धानले यो तथ्य देखिएको हो ।

त्यसो त हाँसलगायत अन्य चरामा यस्तो हुन्छ । यी जीवमा बूढाहरूले समूहकै सही नेतृत्व गर्छन् । त्यसको कारण के हो भने प्रकृतिमा यी जीवका शत्रु धेरै हुन्छन् । पाकाहरूको लामो अनुभवले आफू र आफ्नो समूहमाथि आइपर्ने त्रास, जोखिम र धम्की पत्ता लगाउन सहज हुन्छ । त्यस्तो पत्ता लगाउन सक्ने, डटेर सामना गर्नेलाई नेतृत्व छान्छन् ।

ठूलो मस्तिष्क हुने हात्तीको मात्रै होइन, साना मस्तिष्क हुने ह्वेल र बाँदरको पनि उमेर ढल्किँदै जाँदा अनुभव बढ्दै जान्छ । त्यो अनुभवले प्राकृतिक वासस्थानमा हरेक वैयक्तिक जीवनलाई सुरक्षित र सहज बनाउँछ । हात्तीहरूको यो तथ्य पत्ता लगाउन केन्याको आम्बोसेली राष्ट्रिय निकुञ्जमा अनुसन्धान गरियो । ५८ ओटा भिन्न पारिवारिक सामाजिक बथानमा रहेका करिब एक हजार पाँच सय हात्तीहरूको अध्ययनले यो देखियो ।

त्यो पत्ता लगाउन अनुसन्धानकर्मीले गाडीमा सिंहको आवाज भरिएको लाउड स्पिकर जोडे । हात्ती भएको क्षेत्रनजिक गएर भाले र पोथी सिंहको आवाज खोलिदिए । हात्तीको प्रतिक्रिया बुझ्न तीन ओटा सिंहको गर्जन एकैसाथ खोलिदिएका थिए ।

केन्यामा हात्तीका प्रमुख शत्रु मानिस पहिलो त हुँदै हुन् । त्यसपछि सिंह मुख्य प्राकृतिक शत्रु हुन् । शक्तिशाली भाले सिंहहरू पोथीभन्दा सक्रिय सिकारी हुन् । भाले सिंहहरू पोथीभन्दा औसतमा ५० प्रतिशत ठूला हुन्छन् ।

सबै हात्तीले त्यो रेकर्डर खोलिदिँदा सामूहिक रूपमा सिंहको आवाजलाई गम्भीरतासाथ प्रतिक्रिया जनाए । तर समूहकी बूढी नेतृत्वकर्ता हात्तीले भने भाले सिंहको आवाजलाई अझ बढी जोखिमका रूपमा लिएको पाइयो ।

समूहको नेतृत्वकर्ता पोथी हात्ती औसतमा ६० वर्ष नाघेकी हुन्छे । उसले त्यो भालेको आवाजलाई ध्यान दिएर सुन्छे । त्यसपछि आफ्नो समूहलाई मुकाबिला गर्न तयारी भएर बस्न सतर्क गराउँछे । आक्रमण गर्ने बेला हात्तीले रूखका हाँगा भाँच्ने, हल्लाउने, मिल्काउने र समूह नै कुदेर सिंहलाई आक्रमण गर्छन् । आक्रमण गर्न गएर सकभर सिंहलाई भगाउने र तर्साउने उनीहरूको नीति हुन्छ । सिंहलाई हतोत्साहित बनाउन अनेक अक्कल निकाल्छन् ।

यस्ता बूढा जनावरमा आफ्ना शत्रुसित कसरी बच्ने, तिनको वासस्थान कसरी जान्ने, ती आएको कसरी चाल पाउने, कसरी आक्रमण गर्ने भन्ने ज्ञान धेरै हुन्छ । संज्ञानात्मक प्रक्रियाले उमेर ढल्किँदै जाँदा घट्दै गए पनि अध्ययनले के देखाएको छ भने मानिसमा पनि उमेर पुगेका, बूढाहरूको नेतृत्वले सामाजिक द्वन्द्वलाई घटाउँछ । यद्यपि नेपालको सन्दर्भमा त्यो यसै हो भन्न सकिन्न ।

बूढाहरूको नेतृत्व हात्तीमा मात्रै होइन, स्पर्म ह्वेल, किलर ह्वेल र बाँदरमा त लागू हुन्छ नै । भोटे काग (रेभन), ब्रोड विङ्ड हक भनिने बाज, हाँस र अन्य चरामा पनि हुन्छ । तर फरक के भने मानिसमा पारिवारिक र निजी स्वार्थ, व्यक्तिगत टक्कर, आर्थिक लोभ, शक्तिको मोह, व्यक्तिगत मान र प्रतिष्ठाले प्रभावित पार्छ । जनावरमा भने आफ्नो समूह र सामूहिक स्वार्थले वास्तविक अनुभवका आधारमा प्रभावित पार्छ ।

छ महिना सुतेको सुत्यै

वर्षायामभरि ट्वाँट्वाँ कराउने भ्यागुता जाडो लागेपछि कता जान्छन् कता, केही सुइँको पाइन्न। सुलुल्लसुलुल्ल हिँड्ने, मान्छे टोक्ने सर्प पनि जाडो लागेपछि कता बेपत्ता हुन्छन् कता ती कहाँ जान्छन् ? हामीलाई कुतूहल लाग्छ। वास्तवमा ती कतै गएका हुँदैनन्। हामीले देखेकै ठाउँ वरिपरि जमिनमुनि खुसुक्क पसेर हलचल नगरी बसेका हुन्छन्। जमिनमा लुकेर छालाबाट श्वास फेर्छन्। त्यसैलाई शीतनिद्राकाल भनिन्छ। अङ्ग्रेजीमा हाइबरनेसन भनिन्छ। उभयचरहरूबारे त केही जानकारी आएकै थियो। तर स्तनधारी जीव भालुहरू पनि शीतनिद्रामा बस्छन् भन्ने तथ्यचाहिँ नौलो हो।

भालुहरूमा उपपाचनसम्बन्धी प्रक्रिया वा खाद्य पदार्थबाट शरीरको कोषिकामा हुने परिवर्तन (मेटाबोलिक) दर हुन्छ। त्यो शरीरको तापक्रमभन्दा पनि कम हुन्छ। त्यसले भालुहरू शीतनिद्रामा जान्छन् भन्ने तथ्य खोल्छ।

अमेरिकाको अलास्कामा असाध्यै जाडो हुन्छ। त्यसो त हाम्रा हिमाली भागमा पनि जाडो निकै हुन्छ। यस्ता हिमाली भागमा असाध्यै जाडो हुँदा जन्तु कहाँ जान्छन् ? जाडो कसरी काट्छन् भन्ने रहस्य थियो। तर अमेरिकामा पाइने काला भालुहरू (ब्ल्याक बेयर) तीव्र जाडो हुँदा शीतनिद्रामा बस्छन् भन्ने तथ्य अनुसन्धानबाट पत्ता लागेको छ। यो अनुसन्धानले हाम्रा हिमाली क्षेत्रका जीवजन्तुको रहस्य पत्ता लगाउन थप मद्दत पुग्न सक्छ।

अलास्कामा पाइने काला भालुहरूको शरीरको तापक्रम जाडोयाममा सालाखाला पाँच दशमलव शून्य पाँच डिग्री सेल्सियस (नौ दशमलव नौ डिग्री फरेनहाइट)का दरले घट्छ। शरीरको तापक्रम त्यति घट्दा के हुन्छ ? शीतनिद्रामा नगईकन चलायमान रहने दरलाई, उपपाचन प्रक्रियालाई ६५ प्रतिशतका दरले घटाइदिन्छ। तर भालुको शक्ति सञ्चय गर्ने क्षेत्रमा उपपाचन प्रक्रिया त्योभन्दा पनि घट्छ। सामान्यता गर्मीयामको तुलनामा २५ प्रतिशत मात्रै शक्ति सञ्चय गर्ने क्षमता रहन्छ।

यति शक्ति गुमाउँदा पनि बाँच्ने कुनै पनि अरू स्तनधारी जीव हालसम्म फेला परेको छैन। भालुको शीतनिद्राले मानिसलाई के उपयोगिता दिन सक्छ भन्ने प्रश्न उठ्न सक्छ। स्तनधारी जनावरको शीतनिद्राको ज्ञानले मानवजातिको स्वास्थ्य अनुसन्धानमा महत्त्वपूर्ण उपलब्धि हासिल हुन सक्छ। त्यो संयन्त्रले कसरी काम गर्छ भन्ने थाहा पाउनु वैज्ञानिक खोजको महत्त्वपूर्ण पाटो हो।

काला भालुहरूले जाडोयाममा पाँचदेखि सात महिना केही पनि खाँदैनन्, न केही पिउँछन् । प्रायः पौडी खेल्ने यी जीवलाई यो समयमा पौडीको जरूरत पनि पर्दैन । तैपनि शीतनिद्रामा बस्दा न त तिनको मांसपेशीको तागत घट्छ, न त हड्डी नै खिइन्छ । अनुसन्धान गर्दा बच्चा पाउनुअघि पोथी भालुको शरीरको तापक्रम शीतनिद्राको सुरूमै पनि धेरै घटेको पाइएन । तर त्यस्तो चिसोमा जन्मिएका बच्चा बाँचेनन् । बच्चा पाएलगत्तै पोथीको शरीरको तापक्रम भने अन्य माउसरह घट्यो ।

पूर्णकालीन शीतनिद्रामा जानुअघि जाडोले भालुहरू थुरथुर कामेर केही दिन बिताउने गर्छन् । त्यस बेला शरीरको तापक्रम केही डिग्री घटेको हुन्छ । तर साना जीवहरूले भने हरेक केही सातामा आफ्नो तापक्रम सामान्य अवस्थामै फर्काउने र पुनः घटाउने गर्छन् । तिनको शरीरमा यो संयन्त्र हुन्छ । प्रायः शीतनिद्रामा जाने साना जीवहरूको यस्तो हुने गर्छ । तिनले पिसाब फेर्छन् । पुनः चिसोतिर फर्किन्छन् ।

आलस्काका काला भालुहरू शीतनिद्रामा नबसेका बेला मुटुको धड्कन सालाखाला

प्रतिमिनेट ५५ पटक हुन्छ । तर जाडोयाममा शीतनिद्रामा जाँदा त्यो घटेर प्रतिमिनेट १४ धड्कन हुन्छ । शीतनिद्रामा बस्दा पनि शरीरचाहिँ बेलाबेला तन्काउने गर्छन् । र, अनियमित चालबाट सिलसिला मिलाएर सुस्तरी चलाउँछन् । सायद यसो गर्दा शक्ति जोगिन्छ कि भन्ने अनुमान गरिएको छ ।

गर्मीयाममा ब्यूँझिएपछि सामान्य अवस्थामा फर्किन भालुहरूको शरीरको कोषिकामा हुने परिवर्तन प्रक्रियालाई केही हप्ता लाग्छ । तथ्याङ्कले के देखाएको छ भने आधा गतिको उपपाचनसम्बन्धी प्रक्रियाका दरले अझै पनि भालुको सामान्य बानीव्यवहार देखाउँछ ।

गिज्लर्स भनिने मृगको जाति पनि शीतनिद्रामा जान्छ । शीतनिद्राबाट ब्यूँझिएको आधा साता जति गर्मीयामको तुलनामा आधा मात्रै मुटुको धड्कनमा सक्रिय हुन्छ । तर सर्प, भ्यागुता जस्ता उभयचरहरूको शीतनिद्रामा जाने प्रक्रिया भालुसित केही मिले पनि ठ्याक्कैचाहिँ मिल्दैन ।

"बीचका हाकिम" बढी चिन्ताग्रस्त

मानिसहरूमा मध्यमवर्गलाई जीवन धान्न बढी मुस्किल हुन्छ भन्ने सुनिन्छ । उच्च वर्गकालाई सबै थोक पुग्छ । चिन्ता हुने भएन । न्यून स्तरकालाई न्यून भइहाल्यो । त्योभन्दा अझ खस्केर तल झर्ने ठाउँ हुन्न । मध्यम वर्गकालाई माथि जाने रहर हुन्छ । तल झरिएला भनेर पनि उत्तिकै त्रास हुन्छ । यता न उताको हुँदा त्यो स्तर र जिम्मेवारी धान्न निकै कठिन हुने बताइन्छ । मध्यमवर्गीय मानिसलाई मात्रै यस्तो तनाव हो कि भनेर अब चिन्ता नमाने हुन्छ । हाम्रा निकटका पुर्खा भनिने बाँदरमा पनि बीचका हाकिमहरू बढी सामाजिक आर्तनाद, पीडा, चिन्ता खप्नेमा पर्दा रहेछन् ।

बाँदरहरूमा पनि निर्बलिया, मध्यम स्तरका र एकदम बलिया हुन्छन् । अर्थात् सामाजिक हैसियत कम, मध्यम र उच्च हुन्छ । कुनै भाले समाजमा हैकम जमाउँछन् । रजगज ओगटेर बस्छन् । कुनै सधैं मुन्तिर दबिएर बस्छन् । त्यसैले बाँदरको समूहमा बीचकाहरू बढी सामाजिक पीडा, आर्तनादबाट पीडित हुन्छन् । यो सामाजिक तनाव भनेको सामाजिक समूहमा बस्दाको द्वन्द्व हो । मानिसमा पनि मध्यम दर्जाका व्यवस्थापकहरू काममा बढी तनाव भोग्छन् ।

बाँदरहरूमा धम्की, लखेटाइ र थप्पड जस्ता व्यायामसम्बन्धी बानीव्यवहारको अध्ययन गरियो । त्यस्तै, बसेको ठाउँबाट अन्तै विस्थापित पार्नु, चिच्याउनु, चिन्याउनु, मुख बङ्ग्याउनु, पछाडिको गोडादेखि पुट्ठासम्मको भाग (हिन्ड क्वाटर) प्रस्तुत गर्नु, दाँत कटकट्याउनु, अङ्कमाल गर्नु, शरीर कन्याउँदै सफासुग्घर गरिदिनु जस्ता बानीव्यवहारको पनि अध्ययन गरियो । त्यस्ता गतिविधि र क्रियाकलाप नोट गरेर स्ट्रेस हर्मोन विश्लेषण गरियो । त्यसबाट पत्ता लाग्यो– शारीरिक स्फूर्तता (एगोनिस्टिक) बानीव्यवहार भएका बेला स्ट्रेस हर्मोन उच्च हुँदो रहेछ । तर न्यून स्ट्रेस हर्मोनको चरण र स्तर तथा सफासुग्घर गर्ने जस्तो सम्बद्ध बानीव्यवहारबीचमा भने कुनै मेल खाएन । त्यस्ता बानीहरू देखिएका बेला वैयक्तिक रूपमै भालेहरूको हर्मोनको नमुना लिएर जाँच गरिएको थियो । अवलोकन गरिएका भाले सामाजिक समूहको कुन श्रेणीमा पर्छन् भन्ने पनि ख्याल गरियो ।

मध्यम श्रेणीका बाँदरहरूमा सबैभन्दा बढी स्ट्रेस हर्मोन फेला प□र्‍यो । त्यसको कारण के हो भने मध्यम दर्जाका बाँदरहरू न्यून दर्जाका र माथिल्लो दर्जाका दुवैसित द्वन्द्व गर्छन् । मुनिकालाई दबाएर, लघारेर आफूमुनि नै राख्न खोज्छन् । माथिकालाई

जितेर सर्वेसर्वा बन्न खोज्छन् । त्यसैले यिनको धेरै द्वन्द्व हुन्छ । तर न्यून श्रेणीका वा पुछारकाहरू द्वन्द्वबाट टाढै रहन खोज्छन् । मध्यम दर्जाका बाँदरले बढी चुनौतीको सामना गर्नुपर्छ । यिनले पनि अरूलाई धेरै नै चुनौती दिन्छन् । त्यस्तो चुनौती सामाजिक भऱ्याङ उँचो हुनेबाट आइरहन्छ ।

बाँदरमा गरिएको यो अध्ययन मानिसको बानीव्यवहारमा पनि लागू हुन्छ । त्यसैगरी अन्य सामाजिक जाति, प्रजातिमा पनि यो लागू हुन सक्छ । मानिसको श्रेणी, स्तरमा त लागू हुने नै भयो । जो मानिसले बीचको भूमिका, जिम्मेवारीमा बसेर काम गर्छन्, तिनको स्ट्रेस हर्मोन उच्च हुन्छ । किनकि तिनले आफूभन्दा माथिको हाकिमसित पनि सामञ्जस्य, तारतम्य मिलाउनुपर्छ । आफूमुनिकालाई पनि काम लगाएर, सन्तुष्ट पार्न सक्नुपर्छ । माथिल्ला हाकिमले यस्तो भएन र उस्तो भएन भनेर रिसाउने पनि बीचका हाकिमसितै हो । मुनिकाले असन्तुष्टि व्यक्त गर्ने पनि तिनैसित हो । त्यसैले त्यस्ता मध्यम दर्जाका कर्मचारीको स्ट्रेस हर्मोन माथिल्ला र तल्ला कामदारको तुलनामा बढी हुन्छ ।

बीचका मानिसले माथिल्लो स्तरकाको जस्तै जीवन स्तर जिउन खोज्छन् । आआफ्नो जीवन स्तर अलि उकास्न खोज्छन् । अलि माथिल्लो पदमा पुग्न, पदोन्नति हुन खोज्छन् । आफूमुनिकाले उछिन्देला, आफूसरहको पदमा आइपुग्ला भन्ने चिन्ता र त्रास पनि उत्तिकै हुन्छ । त्यसको अर्थ तिनले बढी चुनौतीको सामना गर्नुपर्छ । त्यही बेला तल्लो तहका माथि प्रशासनिक अधिकार, हैकम कायम राख्नुपर्छ ।

खुट्टा बजार्दा पोथी मसक्क

राम्रा लुगा, लरक्क परेको कपाल, खाइलाग्दो शरीर, सम्पत्ति, मीठो बोली, गम्भीर बानी, मानिसका छनोटमध्ये पर्ने गुण हुन् । तर मृगको एउटा जाति यस्तो हुन्छ कि पोथीलाई आफूतिर मसक्कमसक्क मस्किने बनाउने हो भने भुइँमा ड्याम्मड्याम्म जति सक्दो खुट्टा बजार्नुपर्छ ।

तर यी मृगका जातिले त्यसरी खुट्टा बजार्नुको रहस्य भने अर्कै छ । ती जति बलियो भयो, त्यसलाई साबित गर्न खुट्टा बजार्नुपर्छ । बलियाले जोडले बजार्न सक्छन् । अफ्रिकाका जङ्गलमा एलेन एन्टोलोप मृग पाइन्छन् । हो, तिनले खुट्टा भुइँमा बजार्ने गर्छन् ।

ती मृग मुख्यतया बथानमा बस्छन् । ऋतुकाल लागेपछि पोथीहरूसित संसर्ग बढाउन, निकट हुन खोज्छन् । तर सबैले पोथी पाउने कुरो भएन । जुन पायो, ऊसित पोथीहरू मस्किँदैनन् । पोथीलाई फकाउन, आफूतिर आकर्षित गर्न तीसित केही विशेष खुबी हुनैपर्छ ।

पोथीहरूले भालेका गुण, क्षमता हेर्छन् । पहिलो सङ्केत भनेकै जब ऋतुकाल लाग्छ भालेहरूले बैंस लागेको सङ्केत गर्न खुट्टा भुइँमा बजार्न थाल्छन् । त्यसो त हाम्रो देशमा पाइने लघुना, चित्तल, जरायोहरूले पनि त्यसैगरी खुट्टा बजार्ने गर्छन् । हाम्रोतिर चाहिँ रिसाउँदा, शत्रु चिन्नुपर्दा, पोथीहरूको ध्यान तान्नुपर्दा खुट्टा बजार्छन् ।

एलेन एन्टोलोप जातिमा पोथीहरूलाई कसले ओगट्ने भनेर भालेहरूबीच प्रतिस्पर्धा र हानथाप चल्छ । त्यस्तो बेला भालेहरू नानाभाँती गर्छन् । तिनको सिङ अजङ्गको हुन्छ । तैपनि तिनले सिङ प्रयोग गर्दैनन् । बरू आफू कति बलियो छु भन्ने देखाउन भुइँमा खुट्टा बजार्छन् । तिनले खुट्टाका खुर प्रयोग गर्छन् । गर्दन जुधाएर लड्छन् । बलियोले निर्धोलाई हराउँछ र ऊ पोथीको निकट जान्छ । पोथीलाई बहादुरीसाथ लडेर आफूले जितेको देखाउँछ ।

यी भाले यस्तो लडाइँ अति कम गर्छन् । प्रायः भालेहरूले कामुकता प्रदर्शन गर्ने, पोथी छान्ने बेला केही हाउभाउ देखाउँछन् । हो, त्यही बेला नै कुन बलियो र कुन निर्धो छ भनेर पत्ता लगाइहाल्छन् । कमजोरले सर्लक्क बाटो छोडिदिन्छ ।

ऋतुकालका बेला बैंस चढ्छ । भालेहरूले समूहमा हिंडेकै बेला अघिल्ला खुट्टा बजार्छन् । तिनले त्यसरी बजारेको आवाज सयौं मिटर परैबाट सुनिन्छ । त्यसो गर्नुको

कारण के भने यो आवाज अन्य भालेले परैबाट सुनोस् । यस्तो आवाज सुनेपछि अर्को बथानका भाले परैबाट पन्छिन्छन् । तर यो आवाज कहिलेकाहीँ तिनको मृत्युकै कारक पनि बन्छ । किनकि मांसाहारी जीवले मृग कहाँ छ भनेर सजिलै पत्ता लगाउन पाउँछ । यसरी खुट्टा बजारेको आवाजमा त्यो भाले कत्रो छ, कति बलियो छ, कत्तिको लडाइँ गर्न सक्ने खालको छ भन्ने सङ्केत हुन्छ ।

ब्रोजोर्गेन्सन र डबेल्स्तिन भन्ने दुई जना विशेषज्ञले केन्याको जङ्गलमा अनुसन्धान गरे । उनीहरूले १४ ओटा भालेलाई सूक्ष्म क्यामेरा र सानो भ्वाइस रेकर्डर राखेर छोडिदिए । केही महिनासम्म त्यसलाई पिछा गरे । त्यो रेकर्ड भएको आवाज र फोटोको अनुसन्धान गरेपछि उनीहरूले यो तथ्य पत्ता लगाएका हुन् ।

उनीहरूले के पत्ता लगाए भने एलेन मृगको खुट्टाले ऊ कति बलियो छ र कत्रो छ भन्ने सङ्केत गर्ने रहेछ । जति ठूलो भयो, उति बिस्तारै बजार्ने रहेछ । तर आवाज भने गहिरो हुने रहेछ । उनीहरूले खुर बजारेर त्यो आवाज निकाल्छन् । घुँडाको हड्डीमा त्यो तलमाथि, तलमाथि ठोक्किन्छ । त्यस बेला कुनै तार जसरी कम्पन जस्तो पैदा हुन्छ । त्यो डोरी जसरी फैलिँदै जान्छ । जब एलेन मृग हुर्किँदै जान्छ, तब उसका खुर लामा र चाक्ला बन्दै जान्छन् । घुँडाले आवाज पनि बढी गहिरो निकाल्दै जान्छ । तर अचम्म के भने १४ ओटाको समूहमा जम्मा एउटा भालेले त्यसरी बजाउँछ । यी मृगले एक वर्षको अन्तरालमा त्यसरी बजाउँछन् ।

सङ्केतका आधारमै द्वन्द्वलाई कम गराउनु, द्वन्द्व नबढाउनु जीवजन्तुबीचको सामान्य सिद्धान्त अक्कल हो । लडाकुहरू प्रायः हतियारले सुसज्जित हुन्छन् । बलिया दाह्रा, सिङ, जुरो, बलियो गर्दन तिनका हतियार मानिन्छन् । ती भए पनि सकभर तिनले रगत नबगाई, घाइते नबनीकनै र आफ्नो शक्ति धेरै खर्च नगरीकनै द्वन्द्व निषेध गर्न खोज्छन् ।

कमजोर भालेहरूले खुरले झङ्कार दिने खालका तगडा आवाज निकाल्न सक्नु मुस्किलको कुरो हो । त्यो खुर बजारेर आवाज निकाल्ने काम बलमा भर पर्छ । त्यसैले सानाको तुलनामा ठूला मृगहरू बलिया हुनाले चर्को आवाज निकाल्न सक्छन् । घुँडा बजारेको आवाजले ती मृगहरू एकअर्काबीच लड्न सक्ने शक्ति कति छ भन्ने झल्काउँछ ।

त्यति मात्रै होइन, अनुसन्धाता ब्रो जोनसन र दाबेल्स्टिनले गरेको अनुसन्धानअनुसार एलेन मृगको शरीरको रौँले पनि तिनको बलको सङ्केत गर्छ । बलियाको शरीरको रौँ बढी खैरो रङको हुन्छ । अनुहार वरिपरिको पातलो रौँ बढी धमिलो रङको हुन्छ । बुरूस जस्तो देखिने तिनको सिङछेउको रौँको गुजुल्टोको आकार, तिनको जुरो, घाँटीमुनिको छाला सबै लडाइँ गर्ने बेला फुक्छ । यी सबै आभूषणको सङ्केत मृगहरूले एकआपसमा सजिलोसित बुझ्छन् ।

शरीरका ती भागलाई लडाइँ गर्ने बेला गणितीय उपकरण (मेजरमेन्ट)को तरिकाले चलाउँछन्, जसलाई वैज्ञानिकहरू "प्रिन्सिपल कम्पोनेन्ट एनालाइसिस" भन्छन् । जुरो उमेरसँगै वृद्धि हुन्छ । त्यो जुरो हरेक जनावरको सिङका आधारमा अनुमानित गरिन्छ ।

जुरो पनि हार्ने कि जित्ने भन्ने लडाइँमा सहयोगी बनिदिन्छ । अनुहारको रङ, सिङको ब्रस जस्तो हाँगा फाटेको भाग, रौं, शरीरको खैरो धमिलो रङ सबै भाले नै पिच्छे फरक हुन्छ । त्यो सबै भिन्नता शरीरमा टेस्टोस्टेरोन भनिने हर्मोनलगायत अन्य हर्मोनको सञ्चारले फरक पार्छ, बदलिन्छ । ती कति आक्रामक, सहनशील बन्छन् भन्ने भर पार्छ । त्यसैले रङ, आकार र आवाजले मृगहरूले एकअर्को भाले कति बलियो, कति अनुभवी र कति आक्रामक छ भन्ने पत्ता लगाउँछन् ।

त्यसो त मृगहरूको यस्तो सङ्केत र सञ्चार आदानप्रदान गर्ने सीप, तरिका जातिपिच्छे फरक हुन सक्छ । मृगहरूले धेरै किसिमले सञ्चार सम्पर्क गर्छन् । जातिपिच्छे आआफ्नै साङ्केतिक आवाज पनि हुन्छन् । नेपालमा पाइने चित्तल (चित्री)हरूले तिखो आवाज निकालेर भुक्ने गर्छन् त कहिले सिट्ठी फुके जस्तो आवाज निकाल्छन् । कुनै जीव वा वस्तुमा शङ्का लाग्दा अर्कै स्वर निकाल्छन् । त्यो शङ्का निवारण नहुन्जेल कराइरहन्छन् । खुट्टा बजार्ने र धसार्ने गरी आफ्नो समूहको ध्यान आकर्षण गराइरहन्छन् । कतिपयमा खुट्टा भुइँमा बजारेर आवाज निकाल्नु प्रेमप्रस्तावको साङ्केतिक भाषा पनि हो ।

बाघका कानमा छद्म आँखा

कसलाई थाहा छैन कानको काम सुन्ने हो, अधिकांश जीवका दुई ओटा कान र दुई ओटै आँखा हुन्छन् भन्ने ? सबैजसो जीवका कानको मुख्य काम सुन्नु नै हो । तर केही अपवाद पक्कै हुन्छन् । बाघका कानमा दुई वास्तविक अघिल्ला आँखा त भइहाले । त्योबाहेक अन्य दुई ओटा कानमा एकएक ओटा गरेर चार ओटा आँखाको काम हुन्छ । हुन त बाघको कानको मुख्य काम सुन्ने हो । तर बाघका कानले हेर्ने वा शत्रुलाई देखाउने काम पनि गर्छन् । अचम्म के भने तिनका कान बाहिर हुन्छन् । कानको माथिल्लो भागमा बाघका दुई ओटा सेता थोप्ला हुन्छन् । हो, तिनै थोप्लाले बाघलाई हेर्ने आँखाले जस्तै काम गरिदिन्छ । अर्थात् बाघले भन्दा पनि अन्य जनावर, बाघका शत्रुले तिनलाई आँखाका रूपमा लिन्छन् ।

बाघका दुवै कानमा हुने ती धब्बालाई अङ्ग्रेजीमा ओसेली भन्छन् । यी धब्बाले अन्य जीवजन्तु र खासगरी उसका शत्रुलाई निगरानी राख्ने र तर्साउने गर्छन् । बाघ आफ्नो बाटोमा हिँडिरहेका बेला पनि पछाडिबाट हेर्ने जीवहरूले कानका यी धब्बालाई आँखा जस्तो ठान्छन् । बाघले निगरानी गरिरहेको, आँखा तरिरहेको जस्तो देख्छन् । यी धब्बा बाघका छद्म आँखा हुन् । बाघलाई यसको राम्रो जानकारी हुन्छ । त्यसैले बाघ हिँडेका बेला आफ्नो कानलाई कि ठाडो पार्छ, कि त पछिल्तिर फर्काउने गर्छ । आफ्ना बच्चा (डमरू)हरूलाई पनि बाघले सानैदेखि यही सिकाउँछ । अगाडिका आँखाले अघिल्तिर हेर्ने र कानका यी छद्म आँखाले शत्रुलाई थर्काउने, तर्साउने काम गर्छन् । उसले आराम गरेका बेला पनि यी धब्बा देखाएर सतर्क गराइरहन्छ ।

यी छद्म आँखाले बाघको समुदायमा सञ्चारको काम पनि गर्छ । हरेक बाघको अनुहार, छाला, रङ, बनावट फरक भए जस्तै यी छद्म आँखा पनि बाघैपिच्छे भिन्न हुन्छन् । कान फट्टाउँदा, माथितिर ठाडो पार्दा देखिने यी सेता धब्बाले अन्य बाघसित सञ्चारको काम गर्छ । त्यो देखेर कुन बाघ हो भन्ने पहिचान गर्छन् । कुनै जनावर बाघको अघिल्तिरै देखापर्दा पनि बाघले कान फटफटाएर माथि ठाडो पार्छ र पछिल्तिर यी धब्बाहरू देखाउँछ । यो उसले दिएको धम्की हो । सचेत गराएको हो ।

बाघको मुख्य पहिचान नै तिनका धर्सा हुन् । बाघका टाटेपाटे धर्साले तिनको मुख्य पहिचान बनाउँछ । तिनको छालामा बाक्ला, सुन्दर रौं हुन्छन् । चितुवाको

ढ्याप्पढ्याप्प परेका धब्बा हरू हुन्छन् । यो तिनको पहिचान हो । अफ्रिकी जङ्गलमा पाइने चित्त भनिने चितुवाका मसिना थोप्ला जस्ता एकदमै बाक्ला धब्बा हुन्छन् ।

बाघको चाहिँ शरीरको माथिदेखि तल पूर्ण भागसम्मै कोरिएका लामा धर्सा (पाटा) हुन्छन् । प्रजातिअनुसार थोप्ला, कालो रङ अलिकति गाढा, चहकिलो, उडेको हुन सक्छ । भुइँको गुलाबी जस्तो रङ भने बाघका सबै प्रजातिमा हुन्छ । चाखलाग्दो कुरो के छ भने बाघको धर्सा परेका रौंको बनावटभित्रको छाला पनि पाटा परेकै हुन्छ । छालामा हुने कालो अँध्यारो रङबाहिर देखिने कालो पाटा परेको रौंसित सम्बन्धित हुन्छन् । अर्थात् भित्रको कालो रङको छालाले नै बाहिरको रङ कालो बनाउन प्रभाव पारेको बुझिन्छ ।

हरेक व्यक्तिको रङ, अनुहार फरक भए जस्तै प्रत्येक बाघको रङ पनि फरक हुन्छ । प्रत्येक फरक बाघको शरीरका पाटा फरक हुन्छन् । यद्यपि हामीले झट्ट देख्दा उस्तै लाग्छ । यी फरक पाटा, बनावट र रङले उसले अरूलाई, अरूले उसलाई पहिचान गर्ने, लुक्ने, तर्साउने, बच्ने र झुक्याउने कला र जिउने तरिकासित सम्बन्धित हुन्छ ।

वरिपरिको झार, घाँस, पतपतिङ्गर, वनस्पतिसित मिल्ने खालको रौं मुख्य पाटाभित्रको वा छालासित जोडिएका मसिना भुवादार रौं हुन् । काला पाटाहरूचाहिँ बाघका सम्भावित आहारालाई बाघको पूर्ण आकृति चिनाउने, पहिचान गराउने काम गर्छ । यो रङले बाघका आहाराले बाघलाई चिन्छन् र तीबाट लुक्न, तर्कन, भाग्न सहयोग पुऱ्याउँछ । यसरी एकातिर बाघको शरीरमा आफैं झुक्याएर, तर्केर र लुकेर बस्ने रङ हुन्छ भने अर्कोतिर आफ्ना आहारालाई परैबाट चिनाउने, उपस्थिति जनाउने र खबरदारी गरेर भाग्न, लुक्न दिने रङ हुन्छ ।

आफ्नो सिकार, आहारालाई आक्रमण गर्नुअघि बाघले शरीर भुइँमा जोत्छ वा भुइँमा कुप्रो पार्छ र अगाडिका घुँडा टेक्छ । यो उसको आक्रमणको तयारी हो । प्रायः अग्ला घाँसभित्र लुकेका बेला बाघले यस्तो गर्छ ।

भौगोलिक अवस्था, वासस्थान र मौसमअनुसारको क्षेत्रमा बस्ने बाघका शरीरका रौं वा पाटाहरू फरक हुन्छन् । चिसो मौसममा बस्ने बाघका रौं बाक्ला र लामा हुन्छन् भने अलि गर्मी, न्यानो भूभागमा बस्नेका पातला र छोटा हुन्छन् ।

गोहीका बच्चाको फुलभित्रै गफगाफ

बच्चा कहिले जन्मेला भनेर मानिसहरू अस्पताल धाउँछन् । त्यही थाहा नपाउँदा कतिपय सुत्केरीको मृत्यु नै हुन्छ । चिकित्सकले यो दिन बच्चा जन्मिन सक्छ भने पनि हत्तपत्त मिल्दैन । तर गोहीका आमालाई भने ढुक्क छ । ती आनन्दले आहारा खोज्न, पौडिन जता गए पनि भयो । अब बच्चा कोरलिने बेला भयो भन्ने भएपछि त्यही समयमा ट्याक्क फुल भएको ठाउँमा आए हुन्छ । किनकि माउलाई आफू कोरलिने सङ्केत बच्चाहरूले नै दिन्छन् । गोहीका बच्चाले आफू फुल फुटाएर निस्कनुअघि "क्वेक क्वेक" गर्दै सानो, आवाज दिएर "अब निस्किँदै छु यो धरतीमा, यो पानीमा जिउन" भन्ने माउलाई जनाउ दिन्छन् ।

त्यसो त फुलभित्रबाट तिनले आवाज निकाल्छन् भन्ने वैज्ञानिकलाई थाहा थियो । तर त्यसको अर्थ भने बुझ्न सकेका थिएनन् । अहिले जेन मेनेट विश्वविद्यालयका अनुसन्धाता आमेले भेर्न र निकोला माथेभोनले अनुसन्धान गरेर त्यो तथ्य पत्ता लगाए । गोहीहरूको जुनसुकै जाति किन नहोस्, तिनले फुलभित्रबाट एकअर्कामा सञ्चार गर्ने रहेछन् । मसिनो आवाज निकालेर एक अर्कोसित बोल्ने र कोरलिने समयबारे जानकारी लिनेदिने गर्छन् । तिनले आफ्नी माउलाई "हामी अब यतिखेर फुल फुटाएर बाहिर निस्किँदै छौं, बालुवाको खाडल खन्नू वा बालुवा पन्छाउनू" भन्ने जानकारी दिन्छन् ।

कसरी पत्ता लगाए त मानिसले यस्तो कुरो ? अचम्म लाग्न सक्छ । नेल भन्ने १७ ओटा गोहीका फुल अनुसन्धाताले जम्मा गरे । ती सबै कोरलिनुभन्दा १० दिनअघिका थिए । केही फुललाई गोहीको आवाज सुन्न नपाइने गरी राखिएको थियो । अथवा एकअर्काबाट टाढै राखियो । केहीलाई गोहीको रेकर्ड गरिएको आवाज सुनिने ठाउँमा छ्यासमिस गरिएको आवाज राखियो । केहीलाई कोरलिनुपूर्वको आवाज सुनाइयो ।

त्यसो गर्दा के पाइयो भने कोरलिनुपूर्वको आवाज सुन्ने बच्चाहरूले आवाज सुनेपछि प्रतिक्रिया दिए । तिनले ८० प्रतिशत समयको जवाफ फर्काए भने ५० प्रतिशत हलचल गरे । रेकर्डिङ सुनेको १० मिनेटभित्र करिब आधा जति कोरलिए । आवाज सुन्ने वा केही पनि नसुन्नेहरू शान्त र कम सक्रिए देखिए ।

माउहरूले कसरी प्रतिक्रिया जनाए ? त्यो कसरी जान्ने ? अनुसन्धानकर्मीले तिनको गुँडको छेउमा साना स्पिकरहरू लुकाएर राख्नुअघि नै तिनलाई छोडिदिए । बच्चा कोरलिनुअघिको आवाज रेकर्डरबाट बज्नासाथ त्यसले माउको ध्यान तानिहाल्यो । त्यसले

अरू मिश्रित आवाजले भन्दा छिटो र बढी तान्यो । १० मध्ये आठ ओटा पोथीले त्यो आवाज सुनेपछि बच्चा झिक्नका लागि बालुवा खन्न थाले । अन्य आवाज सुनेका बेला पनि खन्नेचाहिँ ती दसमध्येमा एउटा पोथी मात्रै देखा परी ।

पहिलो आवाज (सङ्केत) बच्चा बाहिरी संसारमा निस्किएर बाँच्नका लागि उत्तिकै महत्त्वपूर्ण पनि हुन्छ । गुँडबाहिरको सुरक्षा महत्त्वपूर्ण कुरा हो । किनकि बच्चालाई बाहिर डर नलाग्ने पाका वा हुर्किसकेका गोहीको झैं बानीको विकास हुन समय लाग्छ । सुरूको अवस्थामा शत्रु (प्रिडेटर)को मुखमा पर्ने जोखिम पनि बढी हुन्छ । त्यसैले साना गोहीले आमाको सुरक्षा अक्कल धेरै खोज्छन् । अनि बच्चा कोरलिने सही समय भयो भन्ने कुराको ख्याल पनि माउले उत्तिकै गर्नुपर्छ ।

क्रोमोजोम नमिले भो

भ्यागुताहरू प्रेम गर्न माहिर मानिन्छन् । यिनका प्रेमका गीत हाम्रा रोदी र चौतारीभन्दा कम हुँदैनन् । प्रेममय गीत गाउन यी खप्पिस गायक जस्तै हुन्छन् । हामीलाई ट्वारट्वार लाग्ने तिनका आवाज धेरै त भ्यागुताका प्रेममय गीत हुन्छन् । प्रेम गर्ने बेला पोथीहरूले भालेका गीत छान्छन् ।

ट्री फ्रग भनिने भ्यागुताहरू यस्ता हुन्छन् कि ऋतुकालका बेला जब भाले छान्ने बेला हुन्छ, तब तिनले थुप्रै भालेका गीत सुन्छन् । तीमध्ये कुन भालेको क्रोमोजोम आफ्नो क्रोमोजोमको सङ्ख्यासित मेल खान्छ, त्यही भाले छान्छन् । यसले नयाँ प्रजातिका भ्यागुताको विकास र विस्तार कसरी भएको छ भन्ने बुझ्न भित्री रहस्यहरू दिन सक्छन् ।

ट्री फ्रग र इस्टर्न ग्री ट्री फ्रग समान लाग्छन्, झट्ट हेर्दा उस्तै देखिन्छन् । यी अमेरिकाको मिसुरी भन्ने नदीआसपास पाइन्छन् । वैज्ञानिकहरूले तीलगायत कोप्स ग्री ट्री फ्रगको अध्ययन गर्दा यस्ता रहस्य पत्ता लगाए । तर मानिसको नाङ्गो आँखाले हेर्दा यी भ्यागुता ठ्याक्कै दुरूस्त देखिन्छन् । हाम्रातिर पनि उस्तै देखिने भ्यागुताका अनेक प्रजाति छन् । तर तिनमा क्रोमोजोमको सङ्ख्या भने फरक हुन्छ । सम्भावित जोडी खोज्ने बेला ती दुई प्रजातिका भ्यागुताको आवाजमा फरक पर्छ । ती दुवै प्रजातिले उस्तै प्रेममय गीत गाउँछन् । एउटाले अलि मन्द आवाजमा गाउँछ ।

अघिल्ला अनुसन्धानबाट वैज्ञानिकहरूले के पत्ता लगाएका थिए भने क्रोमोजोमको सङ्ख्या बढी हुने भालेका कोष ठूला हुन्छन् । जसले कम्पित स्वर (ट्रिल)को दरलाई ढिलो बनाउँछ । तर उनीहरूले केचाहिँ पत्ता लगाउन सकेनन् भने पोथीहरूको गाउने छनोटमा पनि क्रोमोजोमको सङ्ख्यासित सम्बन्धित छ कि छैन ।

यसले के देखाउँछ भने क्रोमोजोमको सङ्ख्याले बानीव्यवहारलाई नियन्त्रण गर्छ । त्यसले गर्दा प्रजातिलाई अलग गरिदिन्छ । जनावरमा के हुन्छ भने जीवहरूको उत्पत्ति कहिलेकाहीँ भौगोलिक सीमासित सम्बन्धित हुन्छ । उदाहरणका लागि पानीको ठूलो भाग अथवा हिमाली ठूलो भागले ठूलो सङ्ख्यालाई विभाजन गरिदिन्छ । भालेपोथीको समागमलाई रोकिदिन्छ । इस्टर्न ग्री ट्री फ्रगले सायद क्रोमोजोमको प्रतिलिपीकरण (डुप्लिकेसन) गरेर, आनिबानीलाई भिन्न गराएर, प्रजननलाई वियोजन गरेर तीव्र विकासको घटनालाई प्रतिनिधित्व गर्छ ।

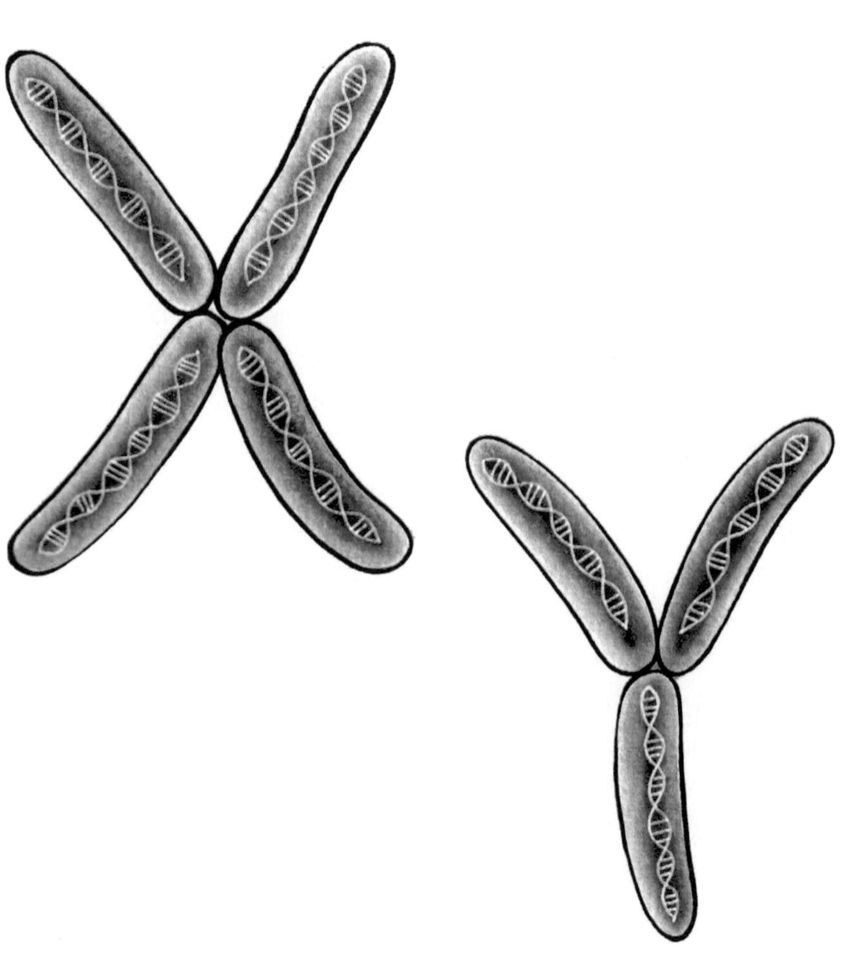
X
Y

कुरो बुझाउन छमछम

जब मौरीले पुष्प रसले भरिएको (नेक्टार) फूलको गुच्छा देख्छ, तब उसलाई नाचौंनाचौं लाग्छ । रसले भरिएको फूल देखेपछि ऊ त्यो चुस्न हतारिँदैन, बरू ऊ घारमै फर्किन्छ । अनि नृत्य देखाउन थाल्छ । आफ्ना साथीहरूलाई भन्छ– त्यो फूलको गुच्छामा कसरी पुग्ने ? उसले नृत्यका माध्यमले व्याख्या गरिदिन्छ ।

अनुसन्धानहरूले के देखाएका छन् भने मौरीहरूले फरकफरक खाले नृत्य देखाउँछन् । खासगरी एसियन हनी बी र युरोपियन हनी बी दुई थरी मौरीको नृत्यको तरिका फरकफरक हुन्छ । तामाङ सेलो गुरूङहरूले बुझे जस्तै अथवा रोदी र चौतारी मगर र अन्य जातिले बुझे जस्तै ती दुई थरीले नै एकअर्काको नृत्यले के सङ्केत गरेको हो बुझ्छन् ।

ती मौरी करिब ६० देखि ८० लाख वर्षअघि विकास भएका हुन् । तैपनि तिनले एकअर्काको भिन्न नृत्य बुझ्छन् । सायद भविष्यका अझ गहिरा अनुसन्धानहरूले मौरीहरू नयाँनयाँ नृत्य सिक्न पोख्त भएको नतिजा पो सार्वजनिक गर्छन् कि ? कसरी तिनले एकअर्कामा सञ्चार आदानप्रदान गर्छन् भन्ने बुझ्न पनि सहयोग गर्न सक्छ ।

मौरी (हनी बी)ले तीन खालका अनुदेशात्मक नाच नाच्छन् । सबैभन्दा कठिन, जटिल नाच शरीरलाई कम्पन गराएझैं हल्लिएर (बेगल) देखाउँछन् । त्यसरी नाच्दा मौरीको चाका (हनी कम्ब)को ठाडो रेखा जस्तो सतहमा नाचको खाका बनाउँछ । अथवा यसरी नाच्ने भन्ने निश्चित गर्छ । त्यसरी उसले सबैभन्दा टाढाको फूलको दिशा बताउँछ ।

अर्को खाले नाचमा उसले पेटलाई हल्लाउँदै सीधा लाइनमा हिँड्छ । यस्तो नाचमा कति समय पेट हल्लाउँछ भन्ने कुराले फूल कति टाढा छ वा फूलको दूरी कति छ भन्ने देखाउँछ । जुन बाटोबाट ऊ नाच्ने वा हिँड्ने गर्छ, त्यसले चाहिँ फूलमा कसरी जाने भन्ने बाटोको सङ्केत गर्छ ।

अघिल्ला अनुसन्धानहरूले मौरीले शरीर हल्लाएर नाच्दा त्यसले विभिन्न खालका लवज (डाइलेक्ट)हरूको सङ्केत गरेका हुन्छन् भन्ने थियो । तर ती अनुसन्धानका नतिजाहरू एकअर्कामा यति भिन्न र भ्रम पार्ने खालका थिए कि मानिसहरू पूर्ण रूपमा विश्वस्त हुन सकेकै थिएनन् । सायद तिनका नाचहरू पनि फरक परेका थिए कि ? किनकि मौरीहरू फरकफरक वातावरणमा उड्ने गरेकाले ती फरक पर्न सक्छन् भन्ने अनुमान लगाउन सकिन्छ । तर बिनाअनुसन्धान ठोकुवा गर्न भने सकिन्न ।

फरकफरक मौरीहरूको नृत्य अध्ययन गर्दा फरक पर्न सक्ने भएकाले विशेषज्ञहरूले एकै खाले परिस्थितिमा आहारा खोज्ने मौरीको अध्ययन गरे । जर्मनी, चीन र अस्ट्रेलियाका विशेषज्ञहरूले एउटा चाका बनाए । त्यसमा दुवै थरीका मौरी बस्न र काम गर्न सक्थे । ती दुई भिन्न खाले मौरीहरू एकै ठाउँमा बस्न सक्ने बनाउनु नै चुनौतीपूर्ण थियो । किनभने एउटै घारमा दुई प्रजातिका मौरी बस्न सक्दैनन् । ती झगडा गर्छन् । लुछ्ने, टोक्ने गर्छन् । एकले अर्कोलाई मारिदिन्छन् ।

अनुसन्धान गर्ने समूह एसियन हनी बीको घारमा युरोपियन हनी बीका कामदार (मह ओसार्नेहरू, मौरीमा कुनै कामदार जस्ता जतिखेर पनि काम गरिरहने, रस ओसारिरहने पनि हुन्छन्) हुर्काउन सफल भए । घारमा चिनीको झोल कहिल्यै खाली नहुने गरी टन्न राखिदिएका थिए । पातलो पारिएको मह छर्किएर एक मौरीले अर्को मौरीलाई दखल पार्नबाट शान्त बनाइएको थियो । जुनजुन मौरी झगडा गर्छन्, टोक्छन्, आक्रमण गर्न जान्छन्, घरमा आतङ्क मच्चाउने बदमास, झगडालुहरूलाई घारबाट हटाइएको थियो ।

चीनको झाङ्जु गाउँमा वैज्ञानिकहरूले यस्ता दुई ओटा घार खडा गरे । मौरीलाई घारबाट टाढाको दूरीमा लगेर खाने कुरो (फिडर) राखिदिए । सामान्यतः फरक ठाउँमा राखिएका ती खानेकुराको दूरी घारबाट समान थियो । त्यहाँ चाखलाग्दो भिन्नता के देखियो भने एसियाली मौरीहरू युरोपेली मौरीभन्दा लामो समयसम्म शरीर हल्लाउँदै नाचे । फिडर ती दुई खाले मौरीका समान दूरीमा थिए । तर त्यसलाई सङ्केत गर्न पनि एसियाली मौरीले अलि लामो समयसम्म नाचेर देखाए ।

मौरीहरूले एकअर्काको भाषा सङ्केत बुझ्छन् कि बुझ्दैनन् भनेर पत्ता लगाउने अर्को चरण पनि थियो । अरूले नाचेको हेरिरहेका एसियन मौरीको शरीरमा रङ लगाएर चिनिने बनाइदिएका थिए । युरोपियन मौरीलाई पाँच सय मिटर टाढाबाट आहारा ल्याउनुपर्ने गरी तालिम दिएका थिए । धेरै एसियाली मौरीले अन्य चार सय र छ सय मिटरको दूरीमा राखिएको आहाराभन्दा पाँच सयको दूरीमा राखिएको आहारा भेट्टाए । त्यसले के सिद्ध गऱ्यो भने एसियाली मौरीहरूले युरोपेली मौरीका नाचको अर्थ बुझ्छन् । तर के एसियाली मौरीले युरोपेली मौरीको नृत्यबाट मात्रै जानकारी लिएका होलान् ? तिनको आशय, सङ्केत बुझ्ने अरू माध्यम छैन होला ? अनुसन्धाता स्पष्ट हुन सकेका छैनन् । तैपनि आफूले नजानेको, नबुझेको नाचको हल्लन, थर्काइ, शरीर कम्पन र हाउभाउ मौरीले व्याख्या गर्न सक्छन् भन्नेचाहिँ अनुमान गरेका छन् ।

यदि त्यसो हो भने भित्रैदेखि जान्ने वा मौरीको आन्तरिक सीपमै निहित नाच र त्यसलाई सिक्ने, बुझ्ने कला दुवै मौरीमा वर्षौंदेखि विकास (इभोल्भ) भएको हो । त्यो सिकेर, जानेर वा बुझेर पनि ती दुईलाई फाइदा नहुने बेलामा पनि विकास भएको थियो । यसको अर्थ सायद प्राचीनकालमा पुर्खाहरू समान भएका (मुटेन्ट) मौरीले के भन्न खोजेको हो भनेर बुझ्न सक्थे ।

जीवजन्तुका प्राकृतिक उपचार

सर्पको डसाइबाट उम्किन पायो भने भ्यागुताले औषधि खोज्दै हिँड्छ । झारपातको कुनै औषधि लगाएर सर्पको विष काट्छ । लामो समयदेखि गाउँघरमा यस्तो चर्चा सुनिँदै आएको छ । यो सत्य होला, नहोला । तर जीवजन्तुले विभिन्न रोगको उपचार गर्छन् भन्ने नयाँ तथ्य पत्ता लागेको छ । चिम्पान्जीहरूले पनि आफूलाई लाग्ने रोगको प्राकृतिक उपचार जडीबुटीबाट गर्ने कुरा सार्वजनिक हुँदै आएको थियो । अहिले प्राकृतिक फार्मेसीको ज्ञान भएका जीवजन्तुको सङ्ख्या झन् बढेको छ ।

जीवजन्तुले विविध खाले रोगको उपचार गर्न, आहारा व्यवस्थित गर्न र पचाउन केही सिकेर औषधि गर्छन् । केही ज्ञान जन्मजात नै अन्तर्निहित हुन्छ । पतङ्ग (मोथ), कमिला र कुहिएको फलफूल खाने झिँगा (फ्रुटफ्लाई)लाई जनावरहरूले पोषक (होस्ट) र परजीवी (पारासाइट)का रूपमा प्रयोग गर्छन् । त्यसैले पर्यावरण शास्त्र (इकोलोजी) र जीवजन्तुमा पोषक (होस्ट) र परजीवीको क्रमिक विकासमा गहिरो सम्बन्ध छ ।

बिरूवा र वनस्पति भविष्यको सबैभन्दा भरपर्दो औषधिको स्रोत हो । जीवजन्तुको औषधीय पद्धतिको अनुसन्धानले नयाँनयाँ औषधि पत्ता लगाएर मानव पीडाबाट छुट्कारा पाउने उपाय निस्कन सक्छ ।

जनावरहरूले अहिले प्राकृतिक वासस्थानमा खानाका लागि आहारा खोज्दा रसद सामानको स्टोर (ग्रोसरी सप) चहार्दै छन् कि मेडिकल पसल धाएका हुन् भनेर वैज्ञानिकहरूले सोच्नुपर्ने भएको छ । परजीवीहरूबाट कसरी बच्ने र अन्य विभिन्न रोगको उपचार कसरी गर्ने भनेर जनावरको क्रियाकलाप अवलोकन गरेर धेरै सिक्न सकिन्छ ।

घरतिर पाइने भँगेरो (हाउस स्पाएरो) र तितु (फिन्च) चराहरूले उच्च निकोटिन भएका चुरोटका ठुटाहरू गुँडमा राख्छन् । त्यसो गर्दा धमिराले दिने सास्ती र उत्पीडनबाट मुक्त गराउँछ । त्यति मात्रै होइन, जनावरले आफ्ना कुटुम्ब, एउटै वंशका नातेदारको उपचार गर्छन् । आफ्नो बच्चाको उपचार गर्छन् । यसमा मानिसको ध्यान पुग्न सकेकै छैन । उड आन्ट भनिने कमिलाहरूले शुक्रवृक्ष (कोनिफर ट्री)बाट चोप निकाल्छन् । त्यो चोप अणुजीवविरोधी हुन्छ । त्यसैले आफ्नो गुँडमा मसिना जीव ननिस्किऊन्, कीरा उत्पन्न नहोऊन् भनेर त्यो चोप गुँडमा लगाउँछन् ।

परजीवीबाट सङ्क्रमित भएका मोनार्क पुतलीहरूले उच्च श्रेणीका परजीवी नउम्रिऊन् भनेर परजीवी प्रतिरोधी भनेर चिनिने मिल्कविड भनिने बिरूवामा फुल पार्छन् ।

त्यति मात्रै होइन, कतिपय जीवले आफ्नो भावी सन्ततिका लागि रोग कम लाग्ने आहारासमेत छान्न सक्छन् । झिँगा (फ्रुट फ्लाई) र पुतलीहरूले आफ्ना बच्चालाई यस्तो आहारा छान्छन् कि त्यसले गर्दा तिनका सन्ततिमा पनि रोग कम लाग्छ । अभिभावकहरूले आफ्ना बच्चाका लागि छान्ने दैनिक खानामा क्रमिक विकासवादको बलियो सम्भावना छ, जसले आफ्ना बच्चालाई निरोगी राख्छ ।

जब जनावरको औषधिले परजीवीको स्वास्थ्य घटाउँछ, तब परजीवीको विषाक्तता, घातकता र उसको स्थानान्तरणमा असर परेको हुनुपर्छ । उदाहरणका लागि फट्याङ्ग्राले जब विषाक्त चीज मिसिएको पर्ण समूह (पातको झाङ) खान्छ, तब फट्याङ्ग्राहरूबीच भाइरस सर्ने प्रक्रिया घट्छ । किनकि त्यसले पतङ्गलाई फैलिन सहयोग गर्छ ।

जनावरको स्वयम् उपचार पद्धतिले जिनको रोग निरोधक पद्धतिको क्रमिक विकासलाई प्रभाव पार्नुपर्छ । मौरीहरूले आफ्नो घारमा अणुजीवविरोधी चोप (एन्टिमाइक्रोबायल रेसिन्स) लगाउँछन् । मौरीको जिन समान भएको क्रोमोजोम (जेनोम) लाई विश्लेषण गर्दा के सुझाव दिन्छ भने मौरीमा अरू कीराहरूबाट बच्ने निरोधक क्षमताका जिनहरूको अभाव हुन्छ । तिनले प्रयोग गर्ने औषधिको सानो भाग, अंश त्यसको जिम्मेवार हुन सक्ने औंल्याइन्छ । अथवा अरू निरोधक संयन्त्र गुमाएबापत भरपर्ताल गरिएको हुन सक्छ ।

जनावरको उपचार पद्धतिको अध्ययनले मानिसको आहारा उत्पादनमा प्रत्यक्ष राहत दिन्छ । जनावरले गर्ने उपचार पद्धतिको क्षमतामा यदि मानिसले हस्तक्षेप गर्ने हो भने कृषि उत्पादनको जैविक रचना (अर्गानिजम) खराब बन्न सक्छ ।

उदाहरणका लागि परजीविता (पारासिटिज्म) र रोगहरू मौरीमा बढ्दा तिनका मौरीले चोप (रेसिन) घटाउन मौरीपालकलाई मन पर्नुसित सम्बन्धित हुन सक्छ । व्यवस्थापन गरिएको कोलोनीका मौरीहरूमा यस्तो बानीव्यवहार परिचित गराउनुले रोग व्यवस्थापन गर्न ठूलो उपयोगिता हात पर्न सक्छ ।

साथी देखेपछि हुँडार बलियो

हिंस्रक जनावर वा विषालु सर्प, चोर, डाँका वा हतियारधारी आक्रमणकारी, केहीको जोखिम नहोस् । तैपनि मानिस एक्लै हुँदा डराउँछ । कोहीकोही त घरमा एक्लै रात कटाउन पनि सक्दैनन् । कोही त अझ यति डरछेरूवा हुन्छन् कि राति चर्पी जान पनि साथ लागिदिनुपर्छ । एक्लै हुँदा केही न केही डर लाग्नु स्वाभाविक हो । साथमा कोही छ भने डरको मात्रा स्वतः कम हुन्छ । आफ्ना निकटका वरिपरि छन् भने मनको बाघ त्यत्तिकै टाढा हुन्छ ।

आफ्ना साथी वा निकटका व्यक्ति नजिक देखेपछि त्यो जोखिमको गम्भीरता, त्रासलाई मूल्याङ्कन गर्ने, हेर्ने तरिका नै बदलिन्छ । त्यस्तो अवस्थामा जोखिम भए जस्तो लाग्दैन । त्रासको महसुस नै हुन्न । किनभने जोखिम आइपरेमा, सङ्कट परेमा आफ्नाले त्यो धम्की वा जोखिमलाई टारिदिन्छन् । मुकाबिला गरिदिन्छन् । साथ लाग्छन् नि भन्ने निर्धक्कताको विकास हुन्छ । यस्तो के मानिसमा मात्रै हुन्छ ? होइन, अन्य जीवहरूमा पनि हुने गर्छ । तर यसको तथ्यचाहिँ हुँडारहरूमा गरिएको अनुसन्धानबाट पत्ता लागेको हो । यो मांसाहारी जीव नेपालमा पनि पाइन्छ ।

अनुसन्धानकर्मीले अफ्रिकाको अन्य भागमा पाइने हुँडारका आवाजलाई रेकर्ड गरे । त्यसपछि त्यो आवाजलाई केन्यामा अनुसन्धान गरिएका हुँडारलाई सुनाइदिए । समूहमा भएका बेला अर्को ठाउँमा हुँडारको आवाज सुन्दा हुँडारहरू त्यो आवाज भएतिर नजिकिए । त्यो आवाजको स्रोत पत्ता लगाएर पहिचान गर्न खोजे । तर एक्लै भएका बेलाचाहिँ त्यो आवाज सुन्दा भागे ।

मानिस समूहमा हुँदाभन्दा एक्लै हुँदा जोखिम एकदम निकट भएझैं लाग्छ । एक्लै हुँदा डर र त्रास त्यत्तिकै नजिकिन्छ । समूहमा हुँदा टाढिन्छ । अन्य सामाजिक जीवहरूले जस्तै मानिस र हुँडारले पनि लामो समयको अन्तरालमा परभक्षीको जोखिमलाई कसरी सम्बोधन गर्ने, बच्ने भनेर रूपान्तरण र ग्रहण क्षमताको विकास गरेका छन् ।

यो विकासात्मक महत्त्व (इभोलुस्नरी सिग्निफिकेन्ट) जोखिम हो । लाखौं वर्षदेखिको क्रमिक विकासका क्रममा यस्तो बानीको विकास हुन्छ । फरक समूह, समुदायका सदस्यहरूले आफ्नो सहारा, स्रोत चोर्न, खोस्न आउँछन् कि ? आक्रमण पो गर्छन् कि भन्ने जोखिम भइरहेको हुन्छ । त्यसबाट जोगिन, लड्न, मुकाबिला गर्न आफ्ना इष्ट्रमित्र, समूह र सहकर्मी चाहिन्छ । जसले समग्रमा आफ्नो समूह, जातको अस्तित्वको रक्षा

गर्छ । तत्काले प्रतिउत्तर नदिनु, जवाफ नदिनुको अर्थ शत्रुको आक्रमण, मृत्युको मूल्य चुकाउनुपर्ने हुन सक्छ । किनकि शत्रुले कमजोर ठानेर आक्रमण गर्छ । वा, आफ्नो स्रोत खोसेर, लुटेर लैजान्छ वा घाइते बनाउँछ । त्यसैले नजिकै त्यस्तो जोखिम देखिँदा आवश्यक समय लिएर प्रतिउत्तर दिनुपर्छ । आफ्नो समूह, आफ्ना निकटका सामुन्ने हुनु भनेको केहो भने त्यस्ता जोखिम निकट हुँदा पनि तत्काले प्रतिउत्तर दिनु धेरै जरूरी हुन्न । किनकि हमला भइहाले सामूहिक प्रतिवाद गर्ने विकल्प रहेकै हुन्छ ।

यसको अर्थ प्रजातीय पूर्वाग्रही झुकाव हो । सामूहिक जोखिम पनि हो । त्यति मात्रै होइन, अध्ययनमा सहभागी गराइएकाहरू काला र गोरा वर्णका मानिस थिए । गोरा कालाप्रति कत्तिको नकारात्मक छन् । त्यसबारे टाढाका काला वर्णका मानिसहरूको समुदायलाई मूल्याङ्कन गर्न भनिएको थियो । ती दुवै वर्णका व्यक्तिगत र सामूहिक दुवै अवस्थामा अध्ययन गरियो । त्यसबाट के पाइयो भने अन्य जात, समुदाय र अन्य विश्वविद्यालयकै विद्यार्थीमा पनि यो पूर्वाग्रहीपन पाइने रहेछ । त्रास र जोखिमको महसुस हुने रहेछ । तर मुख्य गरी मानिस वा जनावर "एक्लै छ कि समूहमा ?" भन्ने कुराले जोखिमको निर्णय गर्छ ।

पुच्छर नै हिटर

चितुवाको पुच्छरले हिटरको, आगोको, सिरकको काम गर्छ भन्ने सुन्दा अचम्म लाग्न सक्छ । हो, यसको पुच्छरको केही काममध्ये यो पनि हो । यसले सिरकको काम गर्छ, जब सुतेका बेला शरीर चिसो हुन्छ । त्यसैले यसले आगो वा हिटरको काम जस्तै गर्ने हो । त्यति मात्रै होइन, यसले हावा तताउने मेसिनको काम पनि गर्छ । बसेका बेला लामो पुच्छरलाई नाक र मुखमा ल्याएर टाँस्छ । अनि हावालाई तताउँछ । त्यो चिसो हावा फोक्सोमा पुगेर असर गर्नुअघि नै यसले तताएर भित्र पठाउँछ । त्यसैले हिमचितुवाको पुच्छरले हिटरको काम गर्छ ।

किन यति सानो जीवको पुच्छर यति लामो ? शरीर जत्रै लामो पुच्छरको के उपयोगिता छ ? अचम्म लाग्न सक्छ । हिमचितुवा अफगानिस्तानदेखि नेपालसम्मका हिमाली भेग (हिन्दकुश हिमाली क्षेत्र) मा पाइन्छ । हिमालका अप्ठ्यारा अन्दराकन्दरामै जिउनुपर्छ । हिउँको बाटो र पखेरामा आहारा समात्न दगुर्नुपर्छ । कम्ती गाह्रो हुन्न । यसले त छिनछिनमै खोँचमा दिशा बदलिराख्नुपर्छ । दगुरेका बेला करिब ३० देखि ५० किलोको शरीरलाई सन्तुलनमा राख्न गाह्रो हुन्छ ।

पुच्छरमा यसको निकै बल हुन्छ । त्यो पुच्छरले उसको सम्पूर्ण शरीरलाई नियन्त्रण गर्न सक्छ । त्यसैले हिमचितुवा प्रायः बसेका बेला जता ढल्केको हुन्छ, त्योभन्दा अर्कोतिर पुछर लमतन्न पार्छ । रूख वा अग्लो ठाउँमा बस्दा पुच्छर प्रायः मुन्तिर छोड्छ । सीधा हिँडेका बेला पुट्ठाबाट सीधा छोडिदिन्छ र पुच्छरको पछिल्लो भाग करौंती जसरी घुम्रिन्छ । टक्क अडिएर केही बुझ्नुपर्दा पुच्छरले ट्याक्क भुइँमा छुवाएर एक टकले नियाल्छ । पहराको अप्ठ्यारो छल्नुपर्दा पुच्छर ठाडो बनाएर सीधा बनाउँछ । कतै बस्नुपर्दा पुच्छरले ट्याक्क टेकाउँछ र ठाडो पार्छ ।

उसका बच्चा पनि सुरूसुरूमा त्यो पुच्छर अनेक रूपमा बदलिएको देखेर अचम्म मान्छन् । पुच्छरको महत्त्व बुझ्न एक पटक तपाईंले हात तल झारेर दौडिने कोसिस गर्नुपर्छ । शरीर अनियन्त्रित भइहाल्छ । छिटो दगुर्नै सकिन्न । हिमचितुवा वा अन्य चितुवाका लागि पनि पुच्छर त्यस्तै हो । आफूलाई नियन्त्रित राख्ने, कीरा धपाउने, हावा तताउने, रिसाउँदा परक्कपरक्क बटारेर रिसको सङ्केत गर्ने काम पुच्छरले गर्छ ।

पुच्छरको अर्को काम सतर्क गराउनु हो । वासस्थानमा रहेका अन्य जीव खासगरी शत्रुको ध्यान तान्न पनि पुच्छरले काम गर्छ । पुच्छरले उसको मुड कस्तो छ भनेर

सङ्केत गरिरहेको हुन्छ । आफ्नो भित्रको इच्छा के छ भन्ने कुरो चितुवाको पुच्छरले बताइरहेको हुन्छ । पुच्छर कता फर्किएको छ, कसरी राखेको छ, कता मोडेको छ भन्ने कुराले अब ऊसले के गर्न चाहेको छ भन्ने सङ्केत पनि गर्छ ।

कतैबाट केही बास्ना, उपस्थिति वा आवाज आयो भने उसले पुच्छर उचाल्छ । तर पुच्छरको टुप्पोलाई माथिबाट तलतिर अलिकति घुमुर्क्याउँछ । यसो गर्दा उसले कुनै वस्तुमा चाख दिएको बुझिन्छ । उसले बुझ्न खोजिरहेको हुन्छ । यस्तो बेला उसले पटकपटक निगरानी गर्छ । त्यसपछि केही बेर कुरेर, रोकिएर अझै बुझ्ने कि अगाडि बढ्ने भन्ने सोच्छ ।

जब चितुवा रिसाउँछ, त्यस बेला उसको पुच्छर पूरै माथि आकाशतिर ठडिएको हुन्छ । पुच्छर त्यसरी पूरा माथि ठड्याएका बेला उसले पाइला चाल्ने तरिका पनि बदल्छ । कुनै जीवले दखल पुर्‍याएको छ भने पुच्छर आकाशतिरै ठाडो पारिराख्छ । यस्को सङ्केत मयूर, मृग, बाँदर र अन्य चराले पत्ता पाउँछन् । ती जीव कराएर अरूलाई चितुवा आएको सङ्केत गरिदिन्छन् ।

पुच्छरको अर्को काम शरीरको तौललाई सन्तुलन मिलाउनु हो । चितुवाको पुच्छर बाक्लो र गह्रौं हुन्छ । कतै हिँड्दा, खेल्दा, आहारा समात्न दगुर्दा, रूखमा चढ्दा शरीरलाई कसरी सन्तुलनमा राख्ने ? आफ्नो तौलभन्दा तीन गुणा ठूलो सिकारलाई जरक्कै उचालेर लैजानु चानचुने कुरो होइन । दौडिरहेका मृगको सिकार गर्दा छिनछिनमै, तत्कालै शरीरलाई मोड्नुपर्ने हुन्छ । त्यस बेला पछारिन, लड्न र चिप्लिनबाट कसरी जोगाउने ? यही पुच्छरले सन्तुलन मिलाइदिन्छ ।

रूखमा चढ्दा होस् कि ओर्लिंदा, उसको गह्रौं शरीर खस्नबाट कसरी जोगाउने ? त्यस बेला उसको पुच्छरले कुनै हाँगामा बेरेर ताल्चा जस्तो काम गर्छ । जब निर्धक्कले अडिन सक्छ, तब मात्रै पुच्छर निकाल्छ र अर्को ठाउँमा बेर्छ । एकदमै छिटो दगुर्न र मोडिन पनि पुच्छरले उसलाई गाडीको एक्सिलेटरले जस्तै काम गर्छ ।

चितुवाको पुच्छरको टुप्पोमा सेतो हुन्छ । यसले जङ्गलमा वरिपरिको वनस्पतिसित बेमेल देखाउँछ र टाढैबाट चिनाउँछ । त्यही सेतो भाग हेरेर डमरूहरूले आफ्नो माउ कहाँ छ भनेर टाढैबाट पछ्याउन सक्छन् । वनमा यस्तो सेतो देखिने वस्तु नगण्य हुन्छन् । त्यसैले टुप्पोको सेतोले अन्य वनस्पति र वातावरणमा भिन्नता छुट्याइदिन्छ ।

चितुवाका बच्चा आमासित असाध्यै खेल्न रूचाउँछन् । आमासित खेल्दाखेल्दै पुच्छरका उपयोगिताबारे माउले आफ्ना डमरूलाई सिकाउने गर्छन् । निगरानी गर्नुनपर्ने, ध्यान दिनुनपर्ने अवस्थामा प्रायः चितुवाले आफ्नो पुच्छरको टुप्पो छोप्ने गर्छन् ।

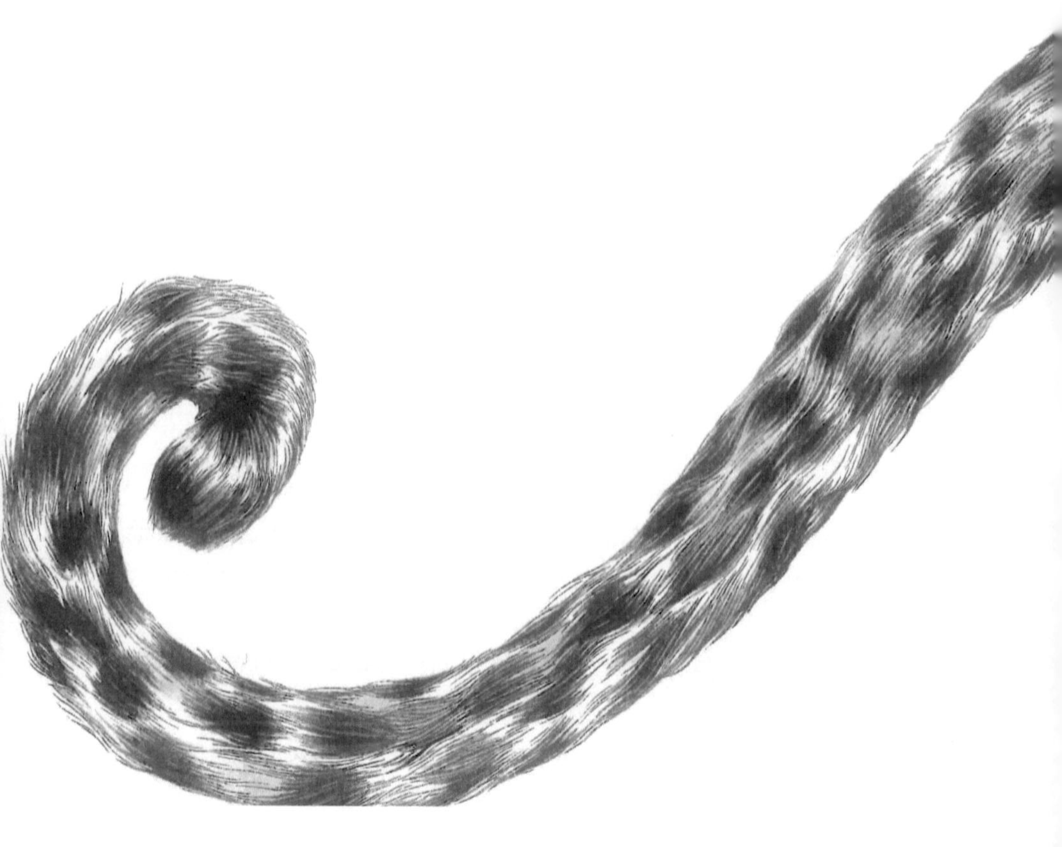

किन रूख चिथोर्छ बाघ ?

बाघले सबै नङ्ग्राले रूखमा चिथोर्दैनन् । तर धेरैले त्यसरी रूखमा अघिल्ला नङ्ग्राले कोतरेर खाल्डो पार्छन् । त्यो आफ्नो वासस्थानको चिह्न लगाउनका लागि हो । अरू बाघलाई भित्र छिर्न नदिने तगारो लगाउँछन् । पोथीहरूलाई जानकारी दिने सङ्केत पनि हो । केही बाघले यो निरन्तर गरिरहन्छन् । केहीले एकाध पटक कोतरेपछि छोड्छन् ।

बाघले किन यस्तो गर्छ ? त्यो जान्न बाघको वासस्थानबारे जान्नुपर्छ । भाले बाघहरूले प्रायः ४० वर्गकिमि क्षेत्र ओगट्छन् । भालेको क्षेत्रमा एउटा पोथी पनि हुन सक्छे । त्यसलाई अङ्ग्रेजीमा ओभरल्यापिङ (एउटाको वासस्थान वा बस्ने थलोमा अर्कोको पनि खप्टिने, साझेदारी गरिने) भनिन्छ । पोथीले करिब २६ वर्गकिमि ओगटेकी हुन्छे । तर पछिल्लो चरणमा भाले बाघले यदि त्यहाँ प्रशस्त आहारा, पानी र बस्ने ठाउँ सुरक्षित छ भने २६ वर्गमिटर मात्रै ओगटेको पनि पाइएको छ । यो आफूले ओगटेको ठाउँ मेरो हो भनेर रूखमा घोपेर अरू भालेलाई सिमाना लगाएको देखाउने केही तरिकामध्ये यो पनि एउटा हो ।

त्यति मात्रै होइन, उसको नङ्ग्राको बीचमा सानो ग्रन्थि हुन्छ । रूख कोतरेका बेला त्यसैबाट वासनायुक्त तरल पदार्थ निस्किन्छ । त्यो अरू बाघले सुँघ्छन् । यसरी रूखमा घोप्दा जति भित्र पस्छ, उति ऊ बलवान् देखिन्छ । किनकि लडाइँमा भालेको नङ्ग्रा एक प्रमुख हतियार हो । ट यसैले अर्को भालेलाई म कति बलवान् छु भनेर देखाउन पनि हो । अर्थात् आफ्ना नङ्ग्रा र रूख कोतर्ने भालेका नङ्ग्रामा कसको तगडा छ भनेर जाँच्छ । अर्को भालेले यदि आफूभन्दा बलियो देखे त्यहाँ पसेर कमजोरलाई लघार्न खोज्छ । नत्र म कमजोर रहेछु भनेर तर्किन्छ । वैज्ञानिकहरूका अनुसार उसको नङ्ग्राको लम्बाइ कोतरेको डामले बताउँछ । त्यसका आधारमा त्यो बाघ कति ठूलो (आकारमा) छ भन्ने बुझिन्छ ।

तिनका नङ्ग्राका अनेक खाले उपयोग हुन्छन् । अघिल्ला खुट्टामा पाँच ओटा हुन्छन् । पाँचमध्ये एउटाचाहिँ जमिनमा हिँड्दा, रूखमा कोतर्दा प्रयोग हुन्न । पछिल्लो खुट्टामा चार ओटा मात्रै नङ्ग्रा हुन्छन् । त्यो अघिल्लो खुट्टाको मुख्य नङ्ग्रा एकदमै तीखो र लामो हुन्छ । सिकार समाउँदा भित्रैसम्म घोप्न र सिकारलाई नियन्त्रणमा राख्दा त्यो प्रयोग गर्छ ।

त्यसो त भालेहरूले सिकार गरेपछि मासु लुछ्दा नङ्ग्रा फोहोर हुनाले सफा गर्न पनि कोतर्ने गर्छन् । त्यसरी कोतर्दा पनि दुवै फाइदा हुन्छ । त्यस्ता बलिया भालेतिर

पोथी पनि लसक्कलसक्क पर्दै लहसिन्छन् । त्यसरी घोप्दा भाले कति समयअगाडि त्यो क्षेत्रमा रहेछ भनेर उसको उपस्थितिको जानकारी पनि अरूलाई दिन्छ । केही भाले भने बदमास हुन्छन् । एउटीलाई च्याप्ने र बाहिर अरू प्रेमिका पनि राख्ने गर्छन् । साथकी पोथीको आँखा छलेर सुटुक्कसुटुक्क भेट्दै फर्किने गर्छन् ।

सन्तान बढाउँदा जवानीमै मृत्यु

जीवजन्तुमा भालेहरूले बच्चा पाउने र हुर्काउने काम गर्दैनन् । केही जीवहरूलाई छोडेर त्यो सम्पूर्ण काम प्रायः पोथीहरूबाट गरिन्छ । तर धेरै सङ्ख्यामा बच्चा बनाउने रहर भने भालेहरूमा हुन्छ । त्यसैले भालेहरू जतिसक्दो बच्चाको सङ्ख्या बढाउन मरिहत्ते गर्छन् । तिनले आफ्नो उत्पादन क्षमता बढाउन जीवन नै जोखिममा राख्छन् ।

जीवजन्तुमा भाले र पोथीबीचको सबैभन्दा ठूलो भिन्नता नै भालेहरू जतिसक्यो धेरै सङ्ख्यामा बच्चा उत्पादन गर्न चाहन्छन् । पोथीहरूमा त्यस्तो हुन्न । त्यसैले पोथीहरूलाई धेरै सङ्ख्यामा आकर्षण गर्न उनीहरू सुन्दर रङ देखाउँछन् । चम्किलो भएर प्रस्तुत हुन्छन् । पोथीहरूलाई अनेक थरी भाका फेरीफेरी गीत सुनाउँछन् । थरीथरीका नृत्य देखाउँछन् । भालेहरूले पोथीहरूलाई आकर्षण गर्न अनेक थरीका कामुक गतिविधिको हत्कन्डा अपनाउँछन् ।

गीत सुनाउँदा, नृत्य गर्दा र पोथीहरूलाई आकर्षण गर्न तल्लीन रहँदा तिनको रोग निरोधक क्षमता घट्छ । अर्थात् शरीरमा भएको रोग निरोधक तत्त्वहरूको क्षयीकरण हुन्छ । ती तनावमा पर्छन् । रोगले छिटो आक्रमण गर्छ र ती उमेर नपुग्दै मर्छन् ।

पोथीहरूमा बच्चाको चाहना त हुन्छ । बच्चाको हेरचाह र सुरक्षा गर्ने जिम्मेवारी पनि तिनैको हो । तर भालेहरूले जस्तो जतिसक्दो धेरै बच्चाको चाहना पोथीहरू राख्दैनन् । सेक्सका लागि सम्पूर्ण क्षमता खर्च गरेर भाले खोज्नका लागि पोथीहरूले जोखिम लिँदैनन् । जसले गर्दा पोथीहरूको रोग निरोधक क्षमता सञ्चित भएर बसेको हुन्छ ।

वैज्ञानिकहरूका अनुसार भालेहरूले आफ्नो जोडी खोज्न धेरै भौँतारिँदा, जोखिम लिएका बेला रोग निरोधक क्षमताको क्षयीकरण हुनाले यही मौकामा परजीवीहरू भालेको शरीरमा आकर्षित हुन्छन् । यही कारणले गर्दा भालेहरू छिटो कमजोर र रोगी बन्छन् । तिनको छिटो मृत्यु हुन्छ ।

वैज्ञानिकहरूले गाइने कीरा (घामकीरी)मा यो अनुसन्धान गरेका थिए । भाले र पोथी दुवैलाई तिनले प्रायः खानेभन्दा अतिरिक्त आहारा दिए । त्यो बेला पनि परजीवीहरू आकर्षित भएको त पाइयो । तर भालेहरूभन्दा पोथीहरू बढी प्रभावकारी तरिकाले ती परजीवीसित लडे ।

उनीहरूले अर्को तथ्य पनि पत्ता लगाए । घामकीरीले छालामा सञ्चय गर्ने लिपिड्स भन्ने शक्ति पनि भालेको अनुपातमा पोथीहरूको ज्यादा हुने रहेछ । पोथीहरूको लिपिड्सको मात्र शून्य दशमलव पाँच प्रतिशत बढी पाइयो ।

सन् २०१३ को तथ्याङ्क हेर्दा मेक्सिकोमा पुरूषको मृत्यु सङ्ख्या महिलाको भन्दा बढी थियो । यसले सार्वजनिक स्वास्थ्यको अवस्था बुझ्न सहयोग पुग्न सक्ने वैज्ञानिकहरूको तर्क छ ।

वैज्ञानिक अनुसन्धानअनुसार महिलाको तुलनामा पुरूषहरूको मृत्यु छिटो हुन्छ । किनभने पुरूषहरूले परजीवीलाई बढी आकर्षित गर्छन् । खाना फरक तरिकाले लिन्छन् । खानाको स्रोतलाई यौनजन्य क्रियाकलापमा बढी खर्च गर्छन् । पोथीहरूले भने निरोधक प्रक्रिया, विकारविरूद्ध प्रतिरक्षा र सेक्सका मामिलामा बढी सन्तुलित तरिका अपनाउँछन् । त्यसैले वंशाणुगत भिन्नता पत्ता लगाउन सके त्यसैअनुसार स्वास्थ्य योजना बनाउन र उपचार पद्धति अपनाउन लाभ हुन सक्छ ।

एकै दिन दर्जनभन्दा बढी भाले

आम्मामा ! कुनैकुनै पोथी त कति कामुक ! कति बलिया ! एकदुई ओटा हो र ? एकै दिनमा दर्जनभन्दा बढी भाले खेलाउने रहेछन् । रेड स्क्वारल भनिने लोखर्केका पोथीहरू अचम्मकै रहेछन् । दिनभरि नयाँनयाँ भालेहरूसित लसपस गरेको गऱ्यै । यी लोखर्के जङ्गलका रूखरूख र हाँगाहाँगामा मस्ती गर्दै दौडिने किन होला ?

कारण पनि सामान्य छ । पोथीहरूले सम्भोगका लागि असाध्यै मन गर्ने, सम्भोग गरिरहन रूचाउने रहेछन् । पोथीले नै चाहेपछि भालेहरूलाई झन् गज्जब हुँदो रहेछ र ती पनि उपलब्ध भइरहने रहेछन् । पहिलेपहिलेचाहिँ के विश्वास गरिएको थियो भने पोथीहरू यौनका लागि तयार भएपछि जिनका कारणले गर्दा धेरै भालेसित सम्भोग गर्छन् । पोथीहरूको त्यो उच्च यौनाकाङ्क्षाको चक्र जब सकिन्छ, त्यो जिनको पनि कुनै भूमिका हुन्न । यौनाकाङ्क्षा बढेका बेला पोथीहरूले "आएको बाद छैन" गर्ने रहेछन् । अर्थात् जति भाले आउँछन्, तिनलाई अस्वीकार नगर्ने र भालेहरूले पनि "मौका पाउँदा के छोड्ने" नीति अपनाउने रहेछन् ।

त्यसो गर्दा ठूलै समस्यातिर पुग्नुपर्ने तथ्य पनि वैज्ञानिकहरूले औंल्याएका छन् । धेरै भालेसित संसर्ग गर्दा के हुन्छ ? धेरै शक्ति खर्च हुन्छ । भालेहरूसित मस्तीमा भुल्दा वरिपरि कस्तो शत्रु आएको छ ? कसले हमलाको तयारी गर्छ हेक्का हुन्न । सम्भोगमा मस्ती मारिरहेका बेला झ्याप्पै पार्न सक्छन् । त्यति धेरै भालेसित संसर्ग गर्दा विभिन्न खाले यौनरोगहरू सर्ने सम्भावना पनि उत्तिकै रहन्छ ।

वैज्ञानिकहरूको भनाइमा त्यसरी लामो समयसम्म यौनक्रिया गर्ने रणनीति यदि जिनहरूको विकासमै भूमिका रह्यो भने मात्रै लामो समयसम्म रहन सक्छ । यी लोखर्केहरूको छोटो समयमा त्यो इच्छा उच्च हुने र सम्भोग गरिसकेपछि जिनको कुनै भूमिका नहुनाले हो । उनीहरूलाई इच्छा लाग्ने त्यो सीमित समयमा पोथी लोखर्केहरूले सुहाउने भालेहरू भेट्टाउँदा "अस्वीकार" भन्ने शक्तिको विकास नै गरेका छैनन् ।

वैज्ञानिकहरूले के पाए भने कुनै क्षेत्रमा जति धेरै भालेहरू सम्भोगका लागि एकअर्कामा तँ छाड म छाड गर्छन्, त्यो क्षेत्रका पोथीहरूले त्यति नै धेरै सङ्ख्यामा भालेहरू अँगाल्छन् । सम्भोगको क्रिया र जिनसँग कुनै पनि बलियो सम्बन्ध रहेको हुन्न । त्यसैले धेरै भालेसित संसर्ग गरेर मूल्य चुकाए पनि उनीहरूलाई फाइदा भने खासै देखिन्न ।

वैज्ञानिकहरूले यो अनुसन्धान गर्दा ८५ ओटा पोथीको निगरानी गरे । सम्भोगका लागि भालेहरूले गरेको एक सय आठ पटकको प्रयत्न नियाले । उनीहरूले पोथी लोखर्के सम्भोगका लागि तयार बन्नुभन्दा केही दिनअघिदेखि नै अवलोकन सुरू गरे । जब पोथीहरू भालेको चाहना गर्छन्, तब उनीहरूले वासना छोडिदिएर भालेहरूलाई सङ्केत गर्छन् । भालेको चाहना सबैभन्दा उच्च भएका दिन उनीहरू दगुरेको दगुऱ्यै गर्छन् । पछिपछि लागेर जति भाले आउँछन्, सबैलाई स्वीकार गर्छन् । त्यसो गर्दा दिनमै उनीहरू १४ ओटासम्म भालेसित यौनाकाङ्क्षा पूरा गर्छन् ।

बोलक्कड भाले

मानिसमा केटाभन्दा केटीहरूले छिटो बोल्न सुरू गर्छन् । तिनले केटाहरूले भन्दा भाषा पनि जटिल प्रयोग गर्छन् । मस्तिष्कमा फरकफरक स्तरका प्रोटिनहरू आउनाले भिन्नतापूर्ण देखिएको हुन सक्छ ।

वैज्ञानिकहरूले लामो समयदेखि भाषाको बोलावट, उत्पत्ति, बोलिने कला र स्तरबारे बहस गर्दै आएका हुन् । भाषाको फैलावट र भाषामा लैङ्गिक भिन्नताको उत्पत्तिबारे उत्तिकै बहस र अनुसन्धान पनि गर्दै आएका छन् ।

फक्स पी २ नामको प्रोटिनले मानिसको भाषा र बोलीको विकासमा अहम् भूमिका खेल्दै आएको पत्ता लागेको छ । चरा र अन्य स्तनधारी जीवको मौखिक सञ्चार आदानप्रदान (ओरल कम्युनिकेसन)मा भूमिका खेल्ने पनि यही प्रोटिनले हो ।

मुसाका बच्चाहरूमा पोथीभन्दा भाले बढी बोलक्कड (भोकल) हुन्छन् । भालेहरूको फक्स पी २ प्रोटिन पनि पोथीमा भन्दा उच्च हुन्छ । मस्तिष्कमा बानीव्यवहार र लैङ्गिक भिन्नता पहिले सोचिएको भन्दा अझ व्यापक हुन्छ । पहिले सोचिएको भन्दा पनि दिमागमा अझ छिटो स्थापित भइसकेको हुन्छ ।

वैज्ञानिकहरूले चार दिन मात्र उमेर पुगेका भाले मुसा र पोथी मुसाको मस्तिष्कको फक्स पी २ प्रोटिन नापेका थिए । त्यसलाई वैज्ञानिकहरूले पराध्वनिक तरङ्ग (अल्ट्रासोनिक)बाट आर्तनादपूर्ण याचना, पीडा (डिस्ट्रेस कल्स)का माध्यमले मुसालाई गुँडबाहिर झिक्दा निकाल्ने आवाजसित तुलना गरे ।

भाले बच्चा मुसा आफूसितका बच्चा र माउबाट गुँडबाहिर निकालेर अलग गरिदिँदा पोथीभन्दा बढी आवाज निकाले । माउसित अलग गरिदिएको पाँच मिनेटसम्म त दुई गुणाभन्दा बढी आवाज निकाले ।

आवाजको क्षेत्र, अन्तरज्ञान, ग्रहण र उत्तेजनासित सम्बन्धित मस्तिष्कको क्षेत्रमा भालेहरूको फक्स पी २ प्रोटिनको मात्रा पनि बढी थियो । वैज्ञानिकहरूले भालेको फक्स पी २ प्रोटिनको मात्रा घटाइदिएर पोथीकोमा बढाइदिए । त्यसपछि भालेले भन्दा पोथी छाउराले बढी करूणामय (डिस्ट्रेस कल) आवाज निकाले । त्यो देखेपछि माउहरूले पनि पोथीहरूलाई गुँडमा छिटो ल्याउन प्राथमिकता दिए ।

त्यसो त मानिसका बच्चामा पनि यस्तो अध्ययन नगरिएको होइन । केटाकेटीमा प्रारम्भिक तवरको अध्ययन गर्दा पत्ता लाग्यो, मुसाका पोथी बच्चामा झैं मानिसमा पनि बालिकाको मस्तिष्कको बाहिरी भाग (कोरटेक्स)को बाहिरी तहको परिधिमा बालकमा भन्दा बढी देखियो ।

यसले के देखाउँछ भने भाषाको विकासमा केटीले केटालाई उछिन्छन् । तर मुसामा भने यसको ठ्याक्कै उल्टो हुन्छ । भालेहरू सानैदेखि पोथीभन्दा बढी बोलक्कड हुन्छन् ।

भालेका निम्ति यत्रो बबाल ?

भनिन्छ– बैंस चढेका बेला कुकुरको पुच्छर बाङ्गो देख्दा पनि हाँसो उठ्छ । रिस पनि त्यत्तिकै उठ्छ । मानिसका अनेकानेक चर्तिकला त छँदै छन् । बैंसले छोएका बेला मानिस मात्रै किन, पोथी पाउँदा कुनैकुनै जनावर त झन् फुरूङ्ग भएर भोकै पनि बस्छन् । उदाहरण थुप्रै दिन सकिन्छ । बाघ, सिंह, साँढे, भाले हात्ती, जरायो, भाले चित्तल साराका सारा भालेहरू पोथी पाएका बेला पेट डाम्रै पारेर पोथीको पछिपछि लाग्छन् । पोथीहरू चर्न खोज्छन् । तर भालेहरूले दखल पुऱ्याइरहेका हुन्छन् । कति दिनसम्म त भालेहरू भोकै बस्छन् । पाउनेहरूलाई पोथी कसरी जोगाउने भन्ने चिन्ता । अनि नपाउनेहरू ? कम्ती मुर्मुरिँदैनन् ।

भाले बाघ त झन् पोथी नपाएको झोकमा भुइँमा हिँडिरहेका बेला शरीरमा ठोक्किएको झारमाथि पनि जाइलाग्छन् । यी त पोथी खोज्ने भालेका क्रियाकलाप भए । बैंस चढेका बेला भाले नपाउँदा पोथीहरूले चाहिँ के गर्ने ? सकभर वरिपरिका थोरै भालेलाई आफूतिर आकर्षित गर्ने गर्छन् । भालेको सङ्ख्या नै थोरै भएपछि चाहिँ हानथाप सुरू हुन्छ । सबैले पाउने भएनन् । आकर्षित गर्न जति कोसिस गर्दा पनि नसकेपछि के लाग्छ ? एकले अर्कीलाई चिथोर्ने, चिमोट्ने, लघार्ने, तर्साउने, धम्क्याएर भालेसँग आफू टाँसिने गर्छन् ।

आफ्नै घर वरिपरि भार्र र भुर्र, चाँचाँ र चुँचुँ गर्ने भँगेराको यो चर्तिकला कहिल्यै हेर्नुभएको छ ? हो, हाउस स्पेरो भनिने हाम्रै घर वरिपरि पाइने भँगेरा र ग्रेट रिड वाब्लर भनिने फिस्टे चराहरू यसै गर्छन् । यो जातका चराका भालेले अक्सर दुई ओटा पोथी लिन्छन् । एउटा लोग्नेका दुइटी श्रीमती भएपछि के हुन्छ ? दिनदिनैको झैझगडा, लोग्नेको बढी प्यारो को बन्ने, कसले आफ्नो बनाउने ? भन्ने हुन्छ । हो, यी भँगेरामा पनि ठ्याक्कै त्यस्तै हुन्छ ।

यिनका पोथीले पनि भालेलाई आफ्नो बनाउन जोडतोडका साथ प्रतिस्पर्धा गर्छन् । फुल पारेको भए रिसले एकले अर्काको फुल फुटाइदिने गर्छन् । युद्धक विमानले झैं लखेट्न पखेटा तयारी अवस्थामा पार्छन् । आफ्नो भालेमाथि आँखा गाड्न आउनेलाई पखेटाले नै हिर्काउँछन् । । अनि ठुँड फट्याउँदै उग्राएर बस्छन् । भाले जता गयो उतै पछिपछि लाग्छन् । कहिलेकाहीँ त बलियोले कमजोरलाई घाइते नै पार्छ ।

स्पोटेड हायना (हुँडार)हरूमा पनि पोथीहरूले उपयुक्त भाले ओगट्न एकअर्काबीच प्रतिस्पर्धा गर्छन् । एउटाले रोजेको भालेमाथि अर्को पोथीले आँखा गाड्न थालेपछि पोथीहरूबीचमा मारामार हुन्छ । लडेर घाइते नै बनाउँछन् ।

भाले ओगट्ने यस्तो प्रतिस्पर्धा मृगहरूमा पनि हुन्छ । टोपी एन्टोलोप भनिने मृगका पोथीहरूले भाले ओगट्न मरिहत्ते गर्छन् । आफूले इच्छाएको भालेसित सम्भोग गर्नका लागि उनीहरू अन्य पोथीसित आक्रामक बन्छन् । आफूले सम्भोग गर्न नपाउँदा ईर्ष्या पनि उत्तिकै हुन्छ । पोथीपोथीबीच भाले ओगट्न, लडाइँ हुँदा बलियोले भाले ओगटेर सम्भोग गर्न थाल्यो भने कमजोरको काम जसरी पनि त्यसलाई रोक्नु हुन्छ । "आफूले नपाएपछि त्यसलाई पो किन दिने मोज गर्न ?" यस्तो रणनीति भाले नपाउने पोथीको हुन्छ ।

यसरी भालेका निम्ति आफैं अघि सर्दा पोथीका लागि एउटा फाइदा हुन सक्छ । भालेहरूले पोथीका निम्ति दिने हैरानी नव्यहोर्ने हुन्छन् । पोथीहरू नै भाले खोज्दै हिँडेपछि भालेहरूले पोथीलाई लघार्ने, खेद्ने, जबर्जस्ती गर्दैनन् । शत्रुहरूले आक्रमण गर्ने सम्भावना पनि कम हुन्छ । किनभने प्रायः बैंस लागेका बेला जब भालेहरू पोथीसित हुन्छन्, त्यस बेला प्रेममा पागल जस्तै बन्छन् । वरिपरिको जोखिमको ख्यालसम्म गर्दैनन्, जसले गर्दा शत्रुहरूको आक्रमणमा पोथीसमेत पर्ने सम्भावना हुन्छ । पोथीहरू नै सक्रिय भएपछि यो जोखिम स्वतः घट्छ । यस्ता पोथीहरूको उद्देश्य भालेसित उसको तृष्णा मेट्ने मात्रै हुन्छ । त्यो मेटिएपछि भालेसित तिनले कुनै सरोकार राख्दैनन् । त्यसैले पोथीहरूबीचमा भाले ओगट्न ठूलो प्रतिस्पर्धा चल्छ ।

भालेका निम्ति यस्तो लडाइँ त कीराहरूमा झन् बढी हुन्छ । मार्मोन क्रिकेट भनिने किथिर्काका पोथीहरू भालेका लागि प्रतिस्पर्धा गर्छन् । किनभने हरेक भालेले जम्मा एक पटक मात्रै सम्भोग गर्न सक्छ । उसले सम्भोग गरिसकेपछि पोथीलाई स्पर्माटोफोरस -कउभचकबतयउजयचभक) भन्ने तत्त्व निकालेर खान दिन्छ । त्यो आफ्नो शरीरको सम्पूर्ण भागको २५ प्रतिशत हो ।

एउटा भालेले एक पटक मात्रै सम्भोग गर्ने हुनाले पोथीहरूले भाले ओगट्न लडाइँ गर्छन् । पोथीहरूले धेरै भालेसित सम्भोग गर्न खोज्ने हुनाले झन् बढी द्वन्द्व हुन्छ । त्यसबारे भालेलाई जानकारी हुँदा भालेहरूले आफ्नो शुक्रकीटमा सकेसम्म धेरै स्रोत मिसाएर पोथीमा लगानी गर्न खोज्छन्, जसले गर्दा धेरै भालेका शुक्रकीटबीचको प्रतिस्पर्धामा आफ्नोले जितोस् र त्यसबाट पोथीले गर्भ बसालोस् भन्ने हुन्छ ।

यस्तो किन हुन्छ त ? भाले र पोथीका आआफ्ना छनोटहरू हुन्छन् । त्यो तिनले कति स्रोतहरू लगानी गरेका हुन्छन् भन्नेसित सम्बन्धित हुन्छ । पोथीहरूले बच्चा जन्माएर मात्रै हुन्न । नहुर्किउन्जेल हेरचाह पनि गर्नुपर्छ । गर्भवती समय र बच्चा जन्मिएपछि तिनको हेरचार गरेको समय अवधिभर तिनले भालेसित सम्भोग गर्न

पाउँदैनन् । भालेहरू भने सम्पूर्ण समय सम्भोगका लागि उपलब्ध हुन्छन् । त्यसको अर्थ यौनाकाङ्क्षा राख्ने, त्यो खोज्ने पोथीहरूको भन्दा भालेको सङ्ख्या बढी हुन्छ । त्यसैले पोथीहरू खोज्न भालेले लडाइँ गर्नुपर्छ ।

खासगरी स्तनधारी जीवहरूले धेरै बच्चा पाउँदैनन् । तिनको प्रजननमा एक खाले सीमा हुन्छ । भालेहरूले भने एकै दिनमा लाखौं शुक्रकीटहरू उत्पादन गर्न सक्छन् । तर पोथीहरूको भने सीमित हुन्छ । त्यसैले पोथीहरूको सङ्ख्या पनि यौनक्रियाका लागि कम हुन्छ । भालेको हुन्न । पोथीहरूले कस्तो भाले छान्ने भन्ने विषयमा बढी गम्भीर हुनु सामान्य हो । त्यसैले भालेहरूको सङ्ख्याभन्दा जिनको गुण कस्तो छ, कति तगडा, बलिया, स्वस्थ छन् भनेर बुझ्नु महत्त्वपूर्ण हुन्छ । त्यसैले पोथीले सबैभन्दा उत्तम भाले खोज्छन् ।

भालेको चाखचाहिँ कति ओटा पोथीसित संसर्ग गर्न पाइन्छ भन्ने हुन्छ । भालेको चुनौती भनेको कुन पोथीलाई गर्भ बसाल्न सक्छ । यसको अपवाद त्यो बेलामा मात्रै हुन्छ, जुन बेला भालेले धेरै समय र शक्ति बचेरा हुर्काउनका लागि दिनुपर्छ । सारस, जकाना भन्ने लामा खुट्टा भएका चरा, स्वान जस्ता पोथीसितै मिलेर बचेराको हेरचाह गर्ने जीवमा भने यो अपवाद हुन सक्छ ।

सन्दर्भसूची

ताप्केमा भ्यागुतो

Howard, B. C. (2015, April 13). Warm weather drives bears out of hibernation. National Geographic. Retrieved from http://news.nationalgeographic.com.

Kahn, B. (2017, April 25). Climate change altering the Arctic faster than expected. Climate Central. Retrieved from https://www.livescience.com.

Sheppard, K. (2014, February 6). How climate change threatens grizzly bears in the American West. Mother Jones. Retrieved from http://www.motherjones.com.

जीवजन्तुलाई भूकम्पको पूर्वसङ्केत

– सापकोटा, ददि । (२०६१ पुस २२) । जीवजन्तुले पाउँछन् भूकम्पको पूर्वसङ्केत । *कान्तिपुर दैनिक* ।

Berkland, J. (2008, June 3). Can animals predict disaster? Tall tales or true? Nature. Retrieved from http://www.pbs.org.

Drake, N. (2011, March 22). Stealth percussionists of the animal world. Scientific American. Retrieved from https://blogs.scientificamerican.com.

Jha, A. (2010, March 31). Toads able to detect earthquake days beforehand, says study. The Guardian. Retrieved from https://www.theguardian.com.

Lallanilla, M. (2013, October 22). Can oarfish predict earthquakes? Live Science. Retrieved from https://www.livescience.com/40628-animals-predict-earthquakes-oarfish.html

Mott, M. (2003, November 11). Can animals sense earthquakes? National Geographic. Retrieved from https://news.nationalgeographic.com.

W.R. (2014, February 15). Can animals predict earthquakes? The Economist. Retrieved from https://www.economist.com.

बलात्कारी जन्तुका अनेक अक्कल

Coghlan, A. (2007, 1 May). Female ducks fight back against 'raping' males. New Scientist. Retrieved from https://www.newscientist.com/article/dn11764-female-ducks-fight-back-against-raping-males/

Harrison, K., & Harisson, G.H. (1997). Birds do it, too: The amazing sex life of birds. UK: Willow Creek Press.

Judson, O. (2003). Dr. Tatiana's sex advice to all creation: The definitive guide to the evolutionary biology of sex. New York: Henry Holt and Company.

वन्यजन्तु पनि समलिङ्गी

Bahemihl, B. (2000). Biological exuberance: Animal homosexuality and natural diversity. New York: St. Martin's Press.

Bidstrup, S. (2000). The natural "crime against nature": A brief survey of homosexual behaviors in animals. Bidstrup. Retrieved from http://www.bidstrup.com.

Judson, O. (2003). Dr. Tatiana's sex advice to all creation: The definitive guide to the evolutionary biology of sex. New York: Henry Holt and Company.

रातो अनुहारले बढाउँछ हिमचिम

Briggs, H. (2003, July 23). Monkey clue to male sex appeal. BBC News. Retrieved from http://news.bbc.co.uk/2/hi/science/nature/3086411.stm

Cheeky clue to male sex appeal. (2003, July 02). BBC News. Retrieved from http://news.bbc.co.uk.

खुट्टाले सुन्छन् हात्ती !

Roach, J. (2002, July 08). Elephants may "talk" via vibrations. National Geographic. Retrieved from https://news.nationalgeographic.com.

Roach, J. (2006, February 16). Elephants "dear" warnings with their feet, study confirms. National Geographic. Retrieved from https://news.nationalgeographic.com.

हात्तीलाई कन्चटमा बैंस

Disney's real elephants have tales to tell? (2003, February 21). National Geographic. Retrived from https://news.nationalgeographic.com.

Elephant sex drive linked to sixth sense. (2005, December 23). ABC News. Retrieved from http://www.abc.net.au.

Glickman, S.E., Short, R. V., & Roger, R.B. (2005, November). Sexual differentiation in three unconventional mammals: Spotted hyenas, elephants and tammer wallabies. Hormones and Behavior, 48(4), pp. 403-17.

Guynup, S. (2004, October 4). Pheromones in urine spurs mating in elephants. National Geographic. Retrieved from https://news.nationalgeographic.com.

Judson, O. (2003). Dr. Tatiana's sex advice to all creation: The definitive guide to the evolutionary biology of sex. New York: Henry Holt and Company.

घण्टाभर सम्भोग, ५६ पटक वीर्यपतन

Hazarika, B.C. & Saikia, P.K. (2010). A study on the behaviour of great Indian one-horned rhino (Rhinoceros unicornis Linn.) in the Rajiv Gandhi Orang National Park, Assam, India. NeBio 1(2), pp. 62-74.

Tripathi, A. K. (2013, November). Social and reproductive behaviour of great Indian one-horned rhin, rhinoceros unicornis in Dudhwa National Park, U.P., India. International Journal of Pharmacy and Life Sciences, 4(11), pp. 3116-3121.

जन्तुको अक्कल, नेताको नक्कल

Massen, J., Pašukonis, A., Schmidt, J., & Bugnyar, T. (2014, April 22). Ravens notice dominance reversals among conspecifics within and outside their social group. Nature. Retrieved from https://www.nature.com.

Massumi, B. (2014). What animals teach us about politics. North Carolina: Duke University Press.

कसरी बन्छन् स्त्री र पुरूष ?

Profato, J. (2012, March 14). DNA basics. The Tech Interactive. Retrieved from https://genetics.thetech.org.

रस चुसेपछि नृत्य

Schirber, M. (2005, May 27). Dancing bees speak in code. LiveScience. Retrieved from http://www.livescience.com.

अर्काको यौनाङ्ग हेरेर दङ्ग

Small, M. F. (1992, June 01). Casual sex play common among bonobos. Discover. Retrieved from http://discovermagazine.com.

Stephan, C. & Zuberbühler, K. (2016, November). Persistent females and compliant males coordinate alarm calling in Diana monkeys. Current Biology, 26(21). Retrieved from https://doi.org/10.1016/j.cub.2016.08.033.

सेक्सको आनन्दपछि क्वाप्ल्याक्कै

Andrade, M. C. B. (2003, July). Risky mate search and male self-sacrifice in redback spiders. Behavioral Ecology, 14(4), pp.531-8. Retrieved from https://doi.org/10.1093/beheco/arg015.

Bryner, J. (2009, November 02). Sneaky spider skips long sex dance. LiveScience. Retrieved from https://www.livescience.com.

एउटै जीवमा दुइटा लिङ्ग !

Scientists find new species of lizard with double penis. (2010, April 06). The Telegraph. Retrieved from https://www.telegraph.co.uk.

सास फेर्ने जिब्रोले !

Turtle shows good taste when it comes to breathing. (2010, May 20). Science Buzz. Retrieved from http://www.sciencebuzz.org.

Walker, M. (2010, May 20). Turtle 'super tongue' lets reptile survive underwater. Retrieved from http://news.bbc.co.uk/earth/hi/earth_news/newsid_8693000/8693794.stm

सेक्स कि समाप्ति !

Edwards, A. (2013, June 13). The enchanted forest: Thousands of dancing fireflies create a magical woodland glow. Daily Mail. Retrieved from http://www.dailymail.co.uk.

तनावले घट्दै छ बाघको शरीर

Soudhriti, B. (2012, April 01). Salinity of river makes Royal Bengal tiger lose its sheen and weight. India Today. Retrieved from https://www.indiatoday.in.

बूढीबूढी ताक्छन् चिम्पान्जी

Campbell C. J. (2011). Primates in perspective. UK: Oxford University Press.

कुकुरले खुट्टो उचाल्नुको रहस्य

Hecht, J. (2013, October 18). Canine urination 101: Handstands and leg lifts are just the basics. Scientific American. Retrieved from https://blogs.scientificamerican.com.

बलात्कार रोक्ने बघिनीको अक्कल !

Payton, M. (2016, February 12). Female tiger mauled to death after mating attempt went wrong at Sacramento Zoo. Independent. Retrieved from http://www.independent.co.uk.

Shukla, N. (2010, November 15). Tiger kills another tiger in territorial fight. The Times of India. Retrieved from https://timesofindia.indiatimes.com.

Vishal: Tigers, sexuality, and rape. (2015, August 13). Just Like No One Else. Retrieved from https://justlikenooneelse.wordpress.com.

गीत गाउँदै, पोथी फकाउँदै

Male tungara frogs sing 'disco' songs to lure females! (2011, August 11). News Track India. Retrieved from http://newstrackindia.com.

Williamson, J. (2011, May 08). How female frogs control male call evolution. Top News. Retrieved from http://www.topnews.in.

बोतलमा सेक्स गर्न खोज्दा ठहरै

Vegas, J. (2011, October 3). Beetles die during sex with beer bottles. Seeker. Retrieved from https://www.seeker.com.

हात्ती रोक्न मौरी सहारा

Fredrickson, T. (2015, October 19). Bees, not electric fences, keeping elephants away. Bangkok Post. Retrieved from http://www.bangkokpost.com.

Ngama, S., Korte, L., Bindelle, J., Vermeulen, C., & Poulsen, J.R. (2016, May 19). How bees deter elephants: Beehive trials with forest elephants (Loxodonta africana cyclotis) in Gabon. Plos One. Retrieved from https://journals.plos.org/.

जनावरको सङ्गीत

Hipsher, E. (1926, April). Do Animals like music? The musical quarterly, 12(2), pp. 166-174.

Wolchover, N. (2012, March 19). What type of music do pets like? LiveScience. Retrieved from http://www.livescience.com.

आफन्त मर्दा भावुक अन्त्येष्टि

Derbyshire, D. (2009, October 24). Magpies grieve for their dead (and even turn up for funerals). Daily Mail. Retrieved from http://www.dailymail.co.uk.

Honeyborne, J. (2013, January 31). Elephants really do grieve like us: They shed tears and even try to 'bury' their dead. Daily Mail. Retrieved from http://www.dailymail.co.uk.

Langley, L. (2015, October 03). Do crows hold funerals for their dead? National Geographic. Retrieved from https://news.nationalgeographic.com.

नेतृत्व सिक्नुस् हात्तीबाट

Elephant personalities revealed by scientists. (2012, October 28). The Telegraph. Retrieved from http://www.telegraph.co.uk.

Ogden, E. L., & New Scientist. (2014, January 27). What elephants can teach us about the importance of female leadership. Washington Post. Retrieved from https://www.washingtonpost.com.

विमान जत्रा भारी बोक्ने कृषक

Driver, C. (2010, February 22). Pictured: Incredible gravity-defying ant that can carry 100 times its body weight. Daily Mail. Retrieved from http://www.dailymail.co.uk.

Foley, J. A. (2014, February 10). Ants can support 5,000 times their body weight before losing their heads. Nature World News. Retrieved from http://www.natureworldnews.com.

बाघ आफैंमा आक्रामक होइन

Huges, B. (2014, Novemember 13). How to survive a tiger attack: What to do if you come across Paris' big cat on the loose? Mirror. Retrieved from http://www.mirror.co.uk.

Lallanilla, M. (2014, February 12). Hungry for humans: What's behind deadly animal attacks? LiveScience. Retrieved from https://www.livescience.com.

मानिस निराश, जनावर रोगी

College, C. (2014, May 10). How pets help people with depression? Carrington College. Retrieved from http://carrington.edu.

Dasgupta, S. (2015, September 09). Many animals can become mentally ill. BBC Earth. Retrieved from http://www.bbc.co.uk/earth.

जनावर पनि साथी बनाउँछन्

Dubar, R. (2014, May 21). Friendship: Do animals have friends, too ? New Scientist. Retrieved from https://jobs.newscientist.com.

Goode, E. (2015, January 26). Learning from animal friendships. The New York Times. Retrieved from https://www.nytimes.com.

The science behind animal friendships. (2015, February 13). Nat2ure. Retrieved from https://www.na2ure.com.

कुरा सुन्नू बूढाका

Bekoff, M. (2014, January 14). In elephant society, matriarchs lead. Live Science. Retrieved from http://www.livescience.com.

Silvestro, R. D. (2011, February 16). President's day: How animals lead. National Wildlife Federation's Blog. Retrieved from http://blog.nwf.org.

छ महिना सुतेको सुत्यै

Biel, M. J. & Gunther, K. A. (n.d.) Denning and hibernation behavior. Yellowstone National Park. Retrieved from http://www.nps.gov.

Black bear hibernation mystery. (2011, February 17). Discovery. Retrieved from http://news.discovery.com.

Hibernating bears conserve muscle strength. (2007, April 25). North American Bear Center. Retrieved from https://www.bear.org.

"बीचका हाकिम" बढी चिन्ताग्रस्त

It's tough in the middle: Managers 'under the most stress in the workplace' because they face conflict from above and below. (2013, April 03). Daily Mail. Retrieved from http://www.dailymail.co.uk.

Tate, N. (2013, April 08). Middle managers more stressed than bosses, subordinates. Newsmax Health. Retrieved from http://www.newsmaxhealth.com.

खुट्टा बजार्दा पोथी मसक्क

Young, E. (2008, November 04). Eland antelopes click their knees to prove their dominance. Discover. Retrieved from http://blogs.discovermagazine.com.

बाघका कानमा छद्म आँखा

Tiger facts. (2015, August 02). National Geographic. Retrieved from http://www.nationalgeographic.com.au.

Wildlife: Look into the eyes of the tiger; they don't like losing the element of surprise. (2015, July 04). Wild Trails. Retrieved from https://wildtrails.in.

गोहीका बच्चाको फुलभित्रै गफगाफ

Baby crocodiles chat to each other inside their eggs 'to synchronise hatching. (2008, June 24). Daily Mail. Retrieved from http://www.dailymail.co.uk.

Young, E. (2008, June 25). Crocodiles signal hatching time by calling from inside their eggs. Discover. Retrieved from http://blogs.discovermagazine.com.

क्रोमोजोम नमिले भो

Tucker, M., & Gerhardt, H.C. (2011, November 23). Parallel changes in mate-attracting calls and female preferences in autotriploid tree frogs. Proceedings of the Royal Society B: Biological Sciences. DOI: 10.1098/rspb.2011.1968

Frogs use calls to find mates with matching chromosomes; tree frogs that look similar hear chromosome difference in calls. (2012, January 04). ScienceDaily. Retrieved from http://www.sciencedaily.com.

कुरो बुझाउन छमछम

Hadley, D. (2017, March 17). How Honey bees communicate. ThougtCo. Retrieved from https://www.thoughtco.com.

Schirber, M. (2005, May 27). Dancing bees speak in code. LiveScience. Retrieved from https://www.livescience.com.

Stokstad, E. (2008, June 04). Dancing in the hive. Science. Retrieved from http://www.sciencemag.org.

जीवजन्तुका प्राकृतिक उपचार

Arbor, A. (2013, April 11). Self-medication in animals much more widespread than believed. Michigan News. Retrieved from http://ns.umich.edu.

साथी देखेपछि हुँडार बलियो

Whether human or hyena, there's safety in numbers. (2013, April 23). PressNews. Retrieved from http://press-news.org.

पुच्छर नै हिटर

Bradford, A. (2014, November 26). Facts about leopards. Live Science. Retrieved from https://www.livescience.com.

Dutoit, M. (2015, March 19). A leopard's tail. WildEye. Retrieved from http://www.wild-eye.co.za.

किन रूख चिथोर्छ बाघ ?

Polden, J. (2015, July 07). Eau de tiger! Siberian big cat marks its territory by turning its back on zoo visitors and spraying them with its scent. Daily Mail. Retrieved from https://www.dailymail.co.uk.

Tehsin, R. (2015, December 03). The territory marking behaviour of a tiger (Panthera tigris). Udaipur Times. Retrieved from http://udaipurtimes.com.

सन्तान बढाउँदा जवानीमै मृत्यु

Davies, E. (2012, February 14). Love gifts in the animal kingdom. BBC Two. Retrieved from http://www.bbc.co.uk/nature.

Robson, D. (2016, June 27). We have the wrong idea about males, females and sex. BBC Earth. Retrieved from http://www.bbc.com/earth.

Too much love: Male animals more sickly than females. (2015, July 29). ScienceDaily. Retrieved from www.sciencedaily.com.

एकै दिन दर्जनभन्दा बढी भाले

Opportunity leads to promiscuity among squirrels, study finds. (2010, December 15). University of Gueleph. Retrieved from http://www.uoguelph.ca.

Viegas, J. (2010, December 16). Female squirrels' promiscuity explained. Seeker. Retrieved from https://www.seeker.com.

Zelman, J. (2011, May 25). Promiscuous red squirrels mate with 14 partners in a single day: Study. Huffington Post. Retrieved from http://www.huffingtonpost.com.

बोलक्कड भाले

Bowers, J.M., Perez-Pouchoulen, M., Edwards, S.N., & Mccarthy, M.M. (2013, February 20). Foxp2 mediates sex differences in ultrasonic vocalization by rat pups and directs order of maternal retrieval. The Journal of Neuroscience, 33(8), pp. 3276-83.

Lewis, T. (2013, February 19). In rats, males are the communicative sex. LiveScience. Retrieved from https://www.livescience.com.

भालेका निम्ति यत्रो बबाल ?

Bro-Jørgensen, J. (2002, July). Overt female mate competition and preference for central males in a lekking antelope. PNAS, 99(14), pp. 9290-9293.

Gwynne, D. T. (1984, September) Sexual selection and sexual differences in mormon crickets (Orthoptera: Tettigoniidae, anabrus simplex). Evolution, 38(5), pp. 1011-1022.

दिदि सापकोटा पेसाले पत्रकार, लेखक हुन् । पर्यटकीय क्षेत्रबाट पेसा सुरू गरेका उनी वातावरण, प्रकृति र जीवजन्तुका विषयमा चासो राख्छन् । हाल उनी नेपाललाई कर्मथलो बनाएका युरोपेली, युरोपको नेपाली समुदाय र प्रकृतिका विविध पक्षको खोजीमा छन् । यसअघि *पन्छी जगत्, त्यो नेपाल* र *दुखेको युरोप* लेखेका उनको यो चौथो पुस्तक हो ।

www.ingramcontent.com/pod-product-compliance
Ingram Content Group UK Ltd.
Pitfield, Milton Keynes, MK11 3LW, UK
UKHW041645190726
13854UKWH00006B/2708